노견을 위한 도그 마사지의 힘

CREDITS

制作プロデュース ● 有限会社イー・プランニング
執筆・編集 ● 花岡佳イ子（ハウオリ・ナチュラル・ペットケア）
本文デザイン ● 山本史子（株式会社ダイアートプランニング）
イラスト ● 重松菊乃
カメラマン ● 平山俊二（office PW）

Original Japanese title: **SENIOR KEN NO TAMENO DOG MASSAGE KENKOU SUPPORT BOOK**

MOKUTEKI・TAICHO BETSU NO YOBOU TO BODYCARE

by Riko Yamada © eplanning, 2022

Original Japanese edition published by MATES universal contents Co.,Ltd.

Korean translation rights arranged with MATES universal contents Co.,Ltd.

through The English Agency (Japan) Ltd. and Danny Hong Agency

Korean translation rights ©2024 by Bluemoose Books

노견을 위한

도그
마사지의 힘

야마다 리코 감수 | 정영희 옮김

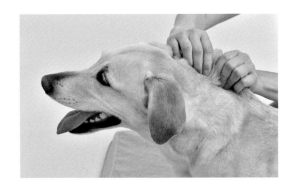

결국 모든 강아지는 노견이 된다

블루
무스

사랑하는 반려견에 대해 문득 이런 생각이 들 때가 있습니다.

**"마냥 강아지일 줄 알았는데,
언제 이렇게 나이를 먹었을까?"**

반려견은 우리보다 빨리 늙어 버리곤 합니다.
하지만 나이를 먹고도 늘 건강했으면 하는 바람은 누구나 똑같습니다.

이 책은 반려견이 건강한 노년기를 보낼 수 있도록 돕는 것을 목표로 합
니다. 보호자가 일상 속에서 매일 실천할 수 있는 반려견 케어 방법을 소
개합니다.

반려견을 위한 의학적 지식을 바탕으로, 반려견이 건강하게 오래 사는
데 도움을 주는 여러 방법을 정리했습니다. 매일 하는 산책에 이 책에서
소개하는 약간의 운동, 올바른 마사지, 마음을 나누는 프레이즈 터치까
지 더해 보세요.

하루에 하나씩이라도, 잠깐이라도 좋습니다.
매일 지속하는 것이 중요합니다.

반려견과 느긋하게 소통하며 함께 즐긴다는 느낌으로 실천해 주세요.

이 책이 당신과 반려견이 함께 누리는 즐거움 중
하나가 되었으면 좋겠습니다.

언제까지나 건강하기를.
늘 함께하기를.

일반사단법인 애니멀라이프 파트너스 협회 대표

야마다 리코

3장 강아지 때부터 시작하는 피트니스

반려견이 나이가 들면서 겪는 어려움

1장

노견을 위한 건강유지법은 달라야 한다

홈케어

피트니스

노견에게 필요한 특별한 신체 관리

'강아지 때는 그렇게 쌩쌩했는데….'

'어? 이제 이런 것도 못하게 됐네?'

일상을 보내다 문득 반려견을 보면, 행동이나 몸의 상태가 예전과 다르다는 걸 깨닫는 순간이 옵니다.

소형견이나 중형견은 6~7세부터, 대형견은 5~6세부터 노년기라고 봅니다. 물론 견종, 건강 상태, 계절, 먹어 왔던 음식 등에 따라 조금씩 다 다르지만요.

반려견이 노년기에 접어들면 젊을 때와는 달리 몸의 유연성이 떨어집니다. 운동 기능이 쇠퇴하고, 근육을 지탱하는 힘줄이 뻣뻣해지는 등 관절과 연골이 노화합니다.

반려견이 나이 듦에 따라 겪는 변화를 그냥 내버려 두면 안 됩니다. 반려견의 몸과 마음을 건강하게 지켜 주는 관리를 일상생활에서 실천해야 합니다.

반려견의 체력이 약해지는 게 눈에 보이기 시작한다면 마사지, 터치, 운동, 적절한 식이요법을 제대로 공부할 때입니다. 반려견의 건강수명, 즉 건강하게 사는 시간을 늘려 주는 다양한 건강 관리법은 보호자와 반려견의 삶을 행복으로 이끌 것입니다.

반려견과의 원활한 커뮤니케이션을 위해

신체 관리는 강아지 때부터 시작해야 합니다. 특히 '사람의 손길을 좋아하게 만드는 것'이 중요하죠. 만지고 쓰다듬는 신체 접촉이 강아지와 보호자 사이의 커뮤니케이션 수단이 되어야 합니다. 신체 어느 부위를 만져도 거부하지 않고 기분 좋게 받아들이게 하는 것이 신체 관리의 시작이기 때문이에요.

강아지 때부터 산책, 훈련, 운동 등 활동적인 움직임을 함께하는 것이 좋아요. 그러면 나이에 따라 변하는 근력과 움직임을 보호자가 민감하게 알아차릴 수 있습니다. 특히 지정된 위치에 바르게 선 자세를 유지하는 '바르게 서기(스태킹)'를 연습해 두면 도움이 되죠. 어릴 때부터 바르게 서는 법, 앉는 법, 걷는 법을 훈련하세요. 온몸의 근육을 좋은 상태로 유지할 수 있고, 노화 때문에 생기는 자세의 변화도 보호자의 눈에 쉽게 들어옵니다. 반려견의 자세가 나빠지면 근육이 약해지고 내장 기관에도 악영향을 끼칠 수 있기에 빨리 알아채는 게 중요합니다.

→ 강아지 때부터 머리부터 발끝까지 쓰다듬는 훈련을 합니다. 사람의 손길이 기분 좋은 것이라고 인식시켜 주세요.

← 바르게 서기 자세. 산책 시 이런 기본 훈련을 놀이 개념으로 가볍게 추가해 봅시다.

반려견과의 즐거운 '피트니스'

운동을 넘어 피트니스를 해야

삶의 질 향상과 건강 유지를 목적으로 하는 종합적인 활동
을 피트니스라고 합니다. 일반적인 운동에 더해 2장에서
소개할 '마사지'와 '프레이즈 터치'가 포함되는 넓은 개념
이죠. 반려견의 건강하고 균형 잡힌 삶을 위해서 피트니스
는 필수적입니다.

몸을 만지면 고유 수용성 감각이 자극됩니다. 고유 수용성 감각
이란 자기 몸의 위치와 움직임, 근육에 힘이 들어가는 정도를 인지하는 감각을 말해요.
그러니 운동 중에 프레이즈 터치를 해 주면 자신의 몸을 어떻게 사용해야 하는지 스스로
정확히 인지하게 되므로 반려견의 신체 의식 향상에 도움이 됩니다.

또한 운동 전에 프레이즈 터치와 마사지를 해 주면 혈액순환이 좋아집니다. 굳어 있던
근육이 부드러워지면서 유연성이 높아지고, 잠들어 있던 몸의 기능이 깨어납니다. 이 과
정을 통해 몸을 움직일 준비를 마치는 거예요.

한편 운동 후에 실시하는 프레이즈 터치와 마사지는 운동 때문에 생긴 몸의 피로를 빠르
게 풀어 줌으로써 반려견의 회복을 도와요.

반려견에게는 단순 운동이 아닌 피트니스가 필요합니다. 노화로 인한 신체 기능의 쇠퇴
를 늦출 수 있고, 움직임을 양호하게 유지하는 데 도움이 되기 때문이에요. 근력, 균형 감
각, 고유 수용성 감각을 유지하기 위한 적절한 피트니스는 신체뿐만 아니라 정신적인 면
에서도 좋은 자극이 되므로 치매의 위험도 줄일 수 있어요. 이러한 사실은 사람을 대상
으로 한 연구에서 이미 증명된 바 있습니다.

노견을 위한 피트니스의 주된 목적

- 근력 및 균형 감각의 유지와 향상
- 고유 수용성 감각 유지
- 지구력 및 유연성 유지
- 정신적 건강 유지
- 몸 전체 움직임의 유지와 개선

노화로 근육량이 감소하고 몸 여기저기가 아프면 신체 균형이 틀어집니다. 걷고 뛰고 엎드리는 일상적인 동작에서 올바른 움직임을 취하기가 어려워지죠. 이렇게 잘못된 움직임을 일상적으로 반복하면 아픈 부위의 근력이 감소하고 관절이 나빠지는 것은 물론 신체의 다른 부위에 부담이 가중되어 되돌릴 수 없는 결과를 초래합니다.

 반려견에게 맞는 피트니스를 적절하게 시행하면 근력을 좋은 상태로 유지하는 데 도움

이 됩니다. 일상적인 동작을 부드럽게 수행할 수 있도록 몸을 제대로 움직이는 연습을 도와주세요.

또한 노화가 진행될수록 신체의 활동량이 줄어들어요. 특히 도그스포츠같이 활동적인 경험을 했다면 활동량의 감소 폭이 훨씬 큽니다. 활동량이 줄어들면 정신적인 자극도 급격히 줄어드는 게 문제예요. 원하는 대로 움직일 수 없으니 일상이 지루해지고, 욕구불만이 쌓이기도 하며, 좌절감을 느낄 수도 있어요. 정신적인 자극을 주는 피트니스로 반려견의 정신적인 면도 활발하게 만들어 주세요. 노견이 되어서도 얼마든지 새로운 것을 배울 수 있거든요.

반려견 운동의 핵심

- 짧게 여러 번 나눠서 하세요.
- 반려견의 상태를 주의 깊게 관찰하세요. 운동 후 다리를 절거나 통증이 있는 것 같으면 운동 시간과 강도를 줄이세요.
- 처음 시작은 짧게, 반려견의 상태를 보며 운동 시간을 조금씩 늘리세요.
- 반려견이 즐겁게 운동할 수 있어야 해요.
- 잘 해내면 칭찬을 아끼지 마세요.
- 이 시간은 반려견과의 커뮤니케이션 시간! 즐겁게 교감하는 마음으로 하세요.
- 운동 일지를 작성하세요. 운동 내용, 운동 과정, 조정하고 보완할 점, 운동하기 전과 후 반려견의 상태를 기록하세요. (131쪽에 운동을 포함한 피트니스 일지 샘플을 제시합니다.)
- 동영상을 찍어서 저배속으로 돌려 보면 반려견의 몸 상태를 더 정확히 파악하는 데 도움이 돼요.

어렵지만 알아야 할 반려견 해부학

반려견의 몸은 조금 특별하다

뼈는 관절로 연결되어 있고 그것들이 모여 골격을 형성해요. 개의 골격 구조에서 가장 큰 특징은, 견갑골(어깨뼈) 위쪽으로는 목과 머리를 받치는 뼈가 없고 근육으로만 지탱되고 있다는 점입니다.

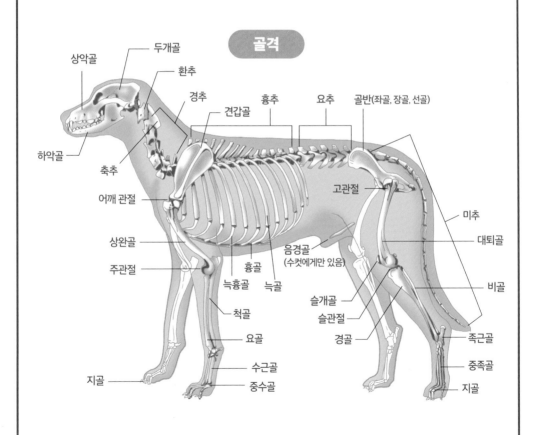

골격

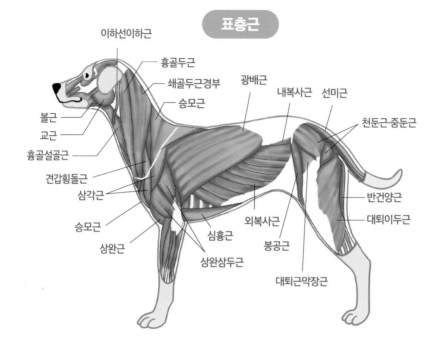

이하선이하근
흉골두근
쇄골두근경부
광배근
내복사근
선미근
승모근
천둔근·중둔근
볼근
교근
흉골설골근
견갑횡돌근
삼각근
승모근
상완근
심흉근
외복사근
상완삼두근
봉공근
대퇴근막장근
반건양근
대퇴이두근

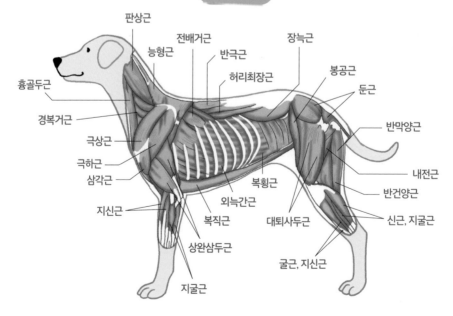

판상근
전배거근
장늑근
능형근
반극근
봉공근
허리최장근
둔근
흉골두근
반막양근
경복거근
극상근
극하근
삼각근
복횡근
내전근
반건양근
지신근
외늑간근
대퇴사두근
신근, 지굴근
복직근
상완삼두근
굴근, 지신근
지굴근

약해지기 쉬운 근육: 몸통 앞부분

목과 앞가슴

사람과 달리 개에게는 쇄골이 없습니다. 근육만으로 머리와 앞다리를 지탱합니다. 나이가 들며 근육의 힘이 저하되면 목 상부의 무게를 지탱하기 힘들어져 머리가 점차 밑으로 처지게 되죠. 또한 관절염 같은 병 때문에 뒷다리에 통증이 있어도 머리가 처지는 경향을 보여요. 아픈 다리가 바닥에 닿을 때마다 고개를 숙이는데, 이는 통증을 줄이려는 반사적인 동작이에요.

이런 상태가 지속되면 몸통과 머리를 이어 주는 가슴 앞쪽 근육이 수축되고, 반대로 목 뒤쪽 근육은 팽팽하게 늘어난 채 고착됩니다. 바로 이럴 때 마사지가 도움이 됩니다. 목 주변 근육의 긴장을 마사지로 풀어 주는 거죠. 그러면 고개를 들어 올리는 동작이 수월해지고, 몸 구석구석을 도는 피의 흐름이 좋아집니다. 머리가 처지며 부담이 가중되었던

목
흉골두근
쇄골두근경부
승모근
판상근 등

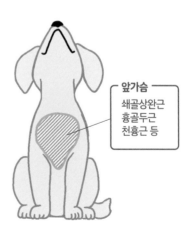

앞가슴
쇄골상완근
흉골두근
천흉근 등

앞다리와 등 근육에도 좋은 영향을 주기 때문에 몸 전체의 움직임까지 좋아져요. 또한 아래쪽으로만 향하던 시야가 머리의 움직임과 함께 넓어지면서 정신적인 면에도 좋은 영향을 끼칩니다.

어깨와 앞다리

개는 체중의 절반 이상을 앞다리로 지탱해요. 밥을 먹을 때, 물을 마실 때, 냄새를 맡을 때, 버티고 설 때···. 늘 애쓰고 있는 신체 부위죠.
목 뒤쪽 근육이 굳어지면 어깨와 이어진 견갑골의 움직임에 제한이 생기고, 그 결과 어깨 관절의 가동 범위도 줄어들게 돼요.
또한 근력이 저하되어 앞다리의 힘이 약해지면 다리가 벌어지거나 보폭이 좁아져 몸 전체 움직임의 조화가 깨집니다. 앞다리의 운동 능력이 약화되면 등을 비롯한 몸통 뒤쪽에 나쁜 영향을 끼치고요.
때문에 어깨와 앞다리를 제대로 관리해야 합니다.

어깨
승모근
극상근
극하근
삼각근
견갑횡돌근 등

앞다리
상완삼두근
삼각근
상완이두근
상완근
골간근 등

약해지기 쉬운 근육: 몸통 뒷부분

등과 허리

다리 관절에 통증이 있으면 신체 움직임의 가교가 되는 등에 필요 이상의 힘이 들어가게 돼요. 그 결과 등 근육이 딱딱해지면서 일상적인 움직임이 어려워집니다. 또한 등 근육에 긴장이 쌓이면 흉곽(늑간근)이 굳어지면서 호흡까지 얕아집니다. 근력 저하와 체중 증가가 원인이 되어 등의 모양이 변형되는 경우도 있는데, 허리에 과한 부담이 되니 주의하세요.

한편 나이가 들면 심층근들이 전반적으로 약화되는데, 특히 고관절 움직임에 관련된 허리 근육과 등 근육이 약해집니다. 허리뼈가 도드라져 보이거나 보폭이 좁아지는 모양새로 티가 나죠. 특히 고관절 굴곡을 담당하는 장요근이 약해지면 다리를 굽히는 동작이 점점 불편해지게 됩니다.

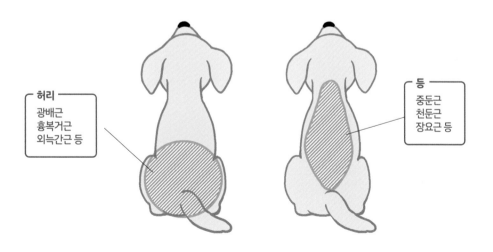

허리
광배근
흉복거근
외늑간근 등

등
중둔근
천둔근
장요근 등

뒷다리와 발

허리가 약해지면 뒷다리도 같이 약해집니다. 또한 중둔근, 둔근, 봉공근, 대퇴사두근, 대퇴근막장근 등 뒷다리 쪽 근육이 긴장하면 등에도 불쾌감이 생기죠. 그러니 몸 전체의 원활한 움직임을 유지하기 위해서는 허리와 뒷다리 근육의 유연성을 유지해야 해요.

비복근, 대퇴이두근, 반건양근은 허리 아래 부분의 신전 기능(펴는 동작)과 굴곡, 움직임에 개입하는 근육입니다. 안정감 있게 다리에 체중을 실을 수 있으려면 특히 비복근의 근력과 유연성이 중요하죠.

노화로 근력이 떨어지면 몸을 지탱하는 신체 균형이 무너지며 근골격계에 부담이 갑니다. 마찬가지로 발에도 부담이 가요. 발이 든든하게 체중을 받쳐 주지 못하면 허리와 등에 과하게 힘이 들어가니까요. 적절한 운동을 통해 체중을 지탱하는 발의 힘을 유지하고, 발을 보호하는 힘줄과 인대도 강화해야 해요.

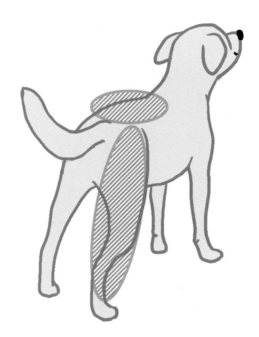

┌─ **뒷다리** ─┐
대퇴근막장근
대퇴이두근
봉공근
반건양근
비복근
골간근 등

나이가 들며 변하는 걸음걸이

신체
변화

우리 반려견이 어렸을 때 어떻게 걸었더라

사람과 마찬가지로 반려견도 나이가 들면 온몸의 근육량이 줄어듭니다. 신체의 다양한 기능이 쇠퇴하면서 젊을 때처럼 자유롭고 민첩하게 움직이지 못하고 여러 어려움을 겪어요. 몸통 근육이 약화되면 자세가 앞으로 쏠리는 경향이 나타나는데 반려견도 똑같습니다. 등과 허리가 둥그렇게 굽고 머리가 앞으로 빠집니다.

개는 바르게 섰을 때 체중의 60~70퍼센트를 앞다리로 지탱하고 나머지 30~40퍼센트를 뒷다리로 지탱합니다. 그런데 노화로 몸의 균형이 틀어지면 앞다리 근육에 더 많은 부하가 걸리게 됩니다. 그에 비례해 뒷다리 근육은 약해지는데, 걸을 때 뒷다리 사용이 줄어들면서 하반신 전체의 근력도 점차 약해지는 악순환을 겪어요. 뒷다리의 무릎 관절이 약해지면 보폭이 좁아지거나 뒷다리를 깡충대며 뛰는 등 걷고 달리는 모습이 변합니다. 예전에는 성큼 넘어 다니던 낮은 턱을 점프하는 방식으로 겨우 넘기도 하고요.

갑자기 걷기 싫어한다거나, 걸음걸이가 이상해졌다거나, 꼬리를 늘어뜨린 채 터벅터벅 걷는다면 몸 어딘가에 통증이 있는지 살펴봐야 합니다. 그러려면 나이 들기 전부터 반려견이 어떻게 걷고 어떻게 움직이는지 꾸준히 관찰하여 내 반려견만의 '특별한 걸음걸이'를 알아 둬야겠죠?

← 뒷다리의 근력이 약해지면 뒷발에 힘이 들어가지 않아 발볼록살 (발바닥 패드) 전체가 지면에 완전히 붙었다가 떨어지는 방식으로 걷는 모습이 바뀝니다.

→ 뒷다리가 X자 모양으로 변형되면 무릎과 고관절에 부담이 가중되기 때문에 시간이 갈수록 보행에 어려움을 겪어요.

감각기관의 노화를
어떻게 알아차릴까

신체
변화

마사지와 프레이즈 터치가 중요한 이유

후각, 미각, 시각, 청각, 촉각. 반려견도 사람과 마찬가지로 오감을 이용해 세상을 인식합니다. 특히 뛰어난 감각은 후각과 청각이에요. 그러나 이 능력 또한 나이와 함께 그 기능이 쇠퇴합니다. 감각 정보에 대한 반응이 느려지고, 새로운 환경에 적응하는 능력도 이전에 비해 떨어지고요.

그러나 촉각만큼은 젊을 때의 수준으로 유지됩니다. 사랑하는 가족의 다정한 손길을 느끼는 감각은 퇴화하지도 사라지지도 않습니다. 마사지와 프레이즈 터치가 노견에게 중요한 이유입니다.

노화는 복합적으로 일어난다

노화는 몸 여기저기에서 다양한 형태로 발현되는데, 어떤 특정한 노화로 인한 변화가 해당 부분뿐만 아니라 신체의 다른 부분에도 영향을 줍니다.

예를 들어 관절염에 걸린 개는 움직이는 것을 싫어하게 됩니다. 움직임이 줄어들수록 통증은 더 증가하고, 활동량이 줄어드는 만큼 체중은 더 증가하겠죠. 체중이 증가하면 비만으로 인한 당뇨병의 발병 가능성이 높아지고, 당뇨병에 걸리면 백내장의 발병 가능성도 같이 높아집니다.

요새 뭔가
달라졌는데?

노화는 멈출 수도 거부할 수도 없는 자연의 섭리입니다. 그러나 반려견의 상태와 변화를 재빨리 알아채고 적절한 조치를 취하는 한편 예방 차원의 관리를 병행한다면 노화를 최대한 늦출 수 있겠죠.

몸의 변화를 유심히 관찰하자

↓ 몸의 움직임, 피부 상태, 털 상태를 체크합니다.

↓ 잘 듣지 못한다면 개의 시야가 닿는 곳에서 수신호로 주의를 끕니다.

꼬응···

누가
내 이름을 불렀나?

흠···

→ 노견을 위한 작은 배려를 생활화합니다.
ex) 이름을 먼저 부른 뒤 만지기, 실내 배치 바꾸지 않기

반려견의 정신적인 변화를 놓치지 말자

신체 변화

왜 이럴까 하고 슬퍼하지 말고 객관적으로 보기

나이가 들면 반려견의 행동도 많이 달라집니다. 안 하던 하울링을 하기도 하고, 배변 기관이 약해져 배변 실수도 잦아져요. 불러도 반응이 없다거나, 헛짖음이 잦아지기도 하는데 이건 청력이 약해졌기 때문일 가능성이 큽니다.

보호자들이 가장 슬퍼할 때가 바로 보호자가 집에 들어갈 때마다 반갑게 달려들던 반려견이 언제인가부터 시큰둥해진 것 같다고 느낄 때예요. 꼬리도 흔들지 않고, 행동이 완전히 달라진 까닭에 성격마저 변했다고 느껴질 수 있죠. 그러나 노견이 되어 행동이 달라지는 이유는 감각 기관을 비롯한 신체 기능의 저하 때문입니다. 보호자를 대하는 반려견의 마음에는 달라진 것이 없어요. 행동은 무뎌졌어도 마음으로는 여전히 펄쩍펄쩍 뛰며 꼬리를 흔들고 있다는 사실을 잊지 마세요.

나이가 들면 행동 패턴과 몸의 상태가 급격하게 변화합니다. 질병을 조기에 발견하기 위해서는 반려견의 사소한 변화를 알아차릴 수 있어야 해요. 물론 내 반려견의 상태를 객관적인 눈으로 판단하는 일이 말처럼 쉽지는 않죠. 그러니 작은 변화도 알아차릴 수 있도록, 평소부터 내 반려견을 객관적인 눈으로 관찰하는 습관을 들여야 합니다.

무슨 소리지? 아닌가?

반려견을 객관적으로 관찰하는 방법

좋아하는 놀이는?

좋아하던 놀이에 흥미를 보이지 않는 등 놀이 패턴에 변화가 있다면, 관절에 통증을 느끼거나 시력이 약해졌을 수 있습니다.

짖음의 강도와 빈도는?

제지를 해도 짖음을 멈추지 않거나, 별다른 요인이 없는데도 짖거나, 혼자 있을 때 하울링을 한다면 청각에 문제가 생겼을 수 있습니다.

다른 개나 고양이와의 관계는?

예전과 달리 다른 개나 고양이에게 흥미가 없고 같이 놀기 싫어한다면 후각이나 시각 등 감각 기관의 약화나 특정 부위의 통증을 의심해 볼 수 있습니다.

수면은?

수면 사이클(수면 시간과 기상 시간 등)에 변화가 있는지 체크합니다. 수면 장소의 변화도 체크합니다. (가족의 생활 모습이 한눈에 들어오는 편안한 장소인가요, 아니면 어두운 구석이나 방해받지 않는 안전한 장소인가요?) 몸 상태에 따라 방석이나 침대, 매트에 대한 호불호도 바뀌곤 하니 이 부분도 확인합니다.

생활 패턴은?

반려견의 생활시간표에 변화가 생겼나요? 밥 먹는 시간, 산책을 나가자고 조르는 시간에 변화가 생겼는지 확인합니다.

식욕은?

좋아하는 음식이 바뀌거나 식욕이 달라졌다면(많았는데 적어지거나, 적었는데 많아짐) 내장 기관의 기능 저하, 구강 내부의 문제, 통증, 대사 기능의 변화 등에서 원인을 찾을 수 있습니다.

체중은?

체중이 급격하게 변했다면 구강 내부나 내장 기관에 문제가 있을 수 있습니다.

음수량은?

갑자기 물을 많이 마신다면 당뇨병이나 신장병을 의심해야 합니다.

배변 상태는?

몸 상태에 따라 대소변의 색깔과 양이 달라집니다. 배변 및 배뇨의 횟수와 양, 색깔을 매일 체크하세요.

피모의 상태는?

매일 만져 보며 피모의 상태를 확인합니다. 부스럼, 종기, 부종, 비듬이 생기지는 않았는지, 살이 찌거나 빠지지는 않았는지 알 수 있습니다.

눈동자의 상태는?

눈동자가 흐릿하거나 백탁 증상을 보이면 백내장이나 녹내장일 가능성이 높습니다. 눈물이 많아졌다면 특정 부위에 생긴 통증 때문일 수 있습니다. 순막(세 겹의 각막 중 가장 바깥쪽에 위치한 각막)

이 붉게 부어 눈꼬리 쪽으로 돌출되어 있다면 스트레스를 받고 있다는 의미일 수 있습니다.

귀의 상태는?

귀 내부에 특이사항이 없는지 살펴보고 냄새도 맡아 봅니다. 큰 원을 그리며 귀를 돌려 봄으로써 움직임에 이상이 없는지 확인합니다.

호흡은?

편안하게 숨을 쉬고 있는지 확인합니다. 운동을 하지 않으려 하거나 얕고 거친 패턴으로 숨을 쉰다면 심장에 문제가 있을 가능성이 높습니다.

걷고 움직이는 모습은?

앉고 서는 자세에 달라진 점은 없는지, 계단을 오르내리고 장애물을 뛰어넘는 데 불편함은 없는지 확인합니다.

작은 변화를 알아채는 세심함을 갖춰야

보호자라면 누구나 반려견이 건강하고 오래 살기를 바랍니다. 건강한 노견 생활을 위해서는 근력이 있어야 하고, 뇌도 건강하게 유지되어야 합니다.

근력이 약해지면 요실금이 생기기도 하고 에너지 대사에 문제가 생기기도 해요. 뒷다리를 쓰지 못해 누워서만 지내야 하는 안타까운 일도 벌어지곤 합니다. 다리의 근력과 뇌의 기능을 최대한 유지할 수 있도록, 생활 속에서 다양하고 적절한 자극을 경험하게 해야 합니다.

산책은 필수

소형견은 괜찮다며 산책을 게을리하거나 실내 생활만 고집하는 보호자도 있어요. 하지만 바깥에 나가는 산책 시간은 모든 개에게 꼭 필요합니다. 바깥 공기를 쐬며 자연의 변화를 느끼는 것 자체가 뇌에 좋은 자극을 주기 때문이죠. 매일 변하는 날씨, 공기, 햇살의 느낌, 풀과 나무의 냄새. 자연 속에 몸을 맡기고 다양한 자극을 받아들이는 경험은 중요합니다. 특히 냄새를 맡는 행위는 뇌 기능 저하를 예방하는 활동이기도 합니다. 오감을 최대한 활성화하면 신진대사는 물론 뇌 기능 향상에도 도움이 됩니다.

혼자만의 휴식시간도 필요하다

간식을 먹은 후나 산책을 마친 뒤에는 혼자만의 시간이 필요합니다. 수면과 휴식도 중요하기 때문입니다. 켄넬이나 방석 등 자기 공간에서 혼자 편히 쉬는 시간을 갖게 하세요.

일상 속에서 만나는 변화를 놓치지 말자

건강검진은 정기적으로 같은 동물병원에서 받는 것이 좋습니다. 검사 결과값이 변화하는 추이를 한눈에 확인할 수 있어 질병을 조기에 발견할 수 있기 때문이죠. 그러나 일반적인 혈액검사와 엑스레이 촬영만으로 모든 질병이 발견되지는 않아요. 사실 병원보다는, 일상 속에서 달라진 모습을 보호자가 알아차리는 것이 질병 발견의 열쇠가 되는 경우가 많습니다.

"뭔가 달라졌어."

"걷는 게 좀 이상한데?"

이와 같은 일상에서의 관찰이 질병의 빠른 발견으로 이어집니다. 반려견을 항상 눈에 담고 지켜보세요.

노견을 위한 전신 케어

2장

적재적소에 이용하는
필수 열 가지 마사지 기술

매일 연습하여 손에 익히기

노견에게 좋은 마사지 기술을 배워 봅시다. 앞으로 소개할 열 가지 기술은 이 책에서 소개할 케어를 시행하려면 반드시 알아야 하는 기초 기술입니다.

마사지 기술은 해부생리학에 기초하고 있습니다. 마사지마다 목적과 효과가 다르므로 원하는 목적과 효과를 보고자 하는 신체 부위에 따라 구분해서 시행해야 합니다. 근육의 특성에 맞으면서도 원하는 목적을 달성하는 데 적합한 마사지를 선택해 바깥 근육에서 안쪽 근육으로 접근해 나가는 것이 기본입니다.

부드럽고 능숙하게 마사지를 하려면 연습이 필요합니다. 정확한 마사지 기법을 충분히 연습한 뒤 내 반려견에게 적용해 봅시다. 16쪽의 근육 구조도를 참고해 개의 근육을 머릿속에 그려 보세요.

노견이 되면 신체 기능이 저하됩니다. 예전같지 않은 반려견에게 맞게 힘을 조절하세요. 부드럽고도 다양하게 손놀림을 바꾸어 가며 연습하는 겁니다.

마사지를 하면 안 되는 경우

마사지는 신체 기능을 개선하는 효과가 있지만, 상태가 나쁘거나 다음과 같은 질병이 있으면 실시하지 않는 게 좋습니다.

• 급성 염증 • 부종 • 피부, 피하 조직의 출혈이나 피부 질환 • 혈행 장애
• 악성 조직이 있는 부위 • 혈류가 정체되어 있는 부위 • 체온 조절이 되지 않는 경우
• 살갗이 찢어진 개방성 창상 • 지각 능력이 떨어지거나 소실된 경우

길게 쓸기

일필휘지 느낌으로 손을 떼지 않고 길게 쓸어 주는 마사지 기법입니다. 보통 마사지를 시작할 때 쓰며, 강아지의 몸 상태나 기질을 파악하는 용도로도 쓰입니다.

밀기

근육을 데울 때, 마사지 기술을 바꿀 때, 부위를 이동할 때 자주 사용합니다. 특히 길게 쓸기 다음에 밀기를 하면 단시간에 근육을 데우는 효과가 있죠. 또한 특정 근육의 마사지를 끝낼 때 밀기로 노폐물을 림프샘 쪽으로 밀어서 마무리하면 노폐물의 원활한 배출, 즉 디톡스에 도움이 됩니다.

비틀기

양 손바닥 전체를 강아지의 몸에 대고 일정한 리듬으로 부드럽게 반대 방향으로 움직여 줍니다. 양손의 엄지손가락이 만났다가 떨어지기를 반복합니다. 2~3초에 한 번씩 가볍게 누르며 부드럽게 비틀기를 하면 진정 효과가 높아지고 혈액과 림프액의 흐름이 촉진됩니다.

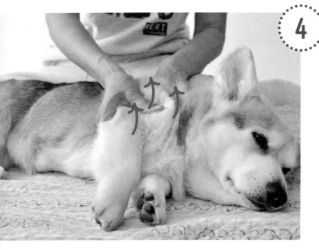

4

밀어 올리기

리드미컬하게 근육을 밀어 올리는 기법입니다.
피부와 근육을 부드럽게 풀어 주는 효과가 있습
니다. 근육을 자극하고 압박하는 동시에 조직의
긴장감을 푸는 효과가 있습니다.

5

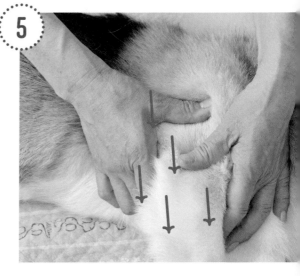

짜기

근섬유를 따라 짜내듯 밀어 주는 기법입니다. 양
엄지손가락에 살짝 힘을 주고 교대로 움직여 줍니
다. 근육이 늘어나고 유연해지며, 산소가 공급되어
노폐물이 배출되는 효과가 있습니다. 단시간에 순
환을 촉진하기 때문에 근육이 따뜻해집니다. 한 방
향으로 짜기를 했다면 반드시 반대 방향으로도 짜
기를 합니다.

6

흔들기

손목과 손가락의 힘을 빼고 팔꿈치를 움직여 진동하듯이
흔듭니다. 팔꿈치에서 시작된 진동을 손으로 전달하는
느낌입니다. 2~3초씩 부위를 옮겨 가며 부드럽게 흔들기를
하면 근육과 신경의 긴장이 풀립니다. 혈액순환도 촉진되
죠. 손 무게 이상의 힘이 들어가지 않도록 주의합니다.

굴리기

피부를 가볍게 쥐고 굴려 나가며 피부와 그 아래 조직을 분리하는 기법입니다. 양손 엄지와 나머지 네 손가락으로 피부를 들어 올리듯 잡은 뒤, 엄지에서 네 손가락 쪽으로 부드럽게 굴리듯 눌러 줍니다. 이때 네 손가락은 들린 피부 조직을 감싸듯이 잡아 줍니다. 일련의 동작을 피부를 옮겨 가며 멈춤 없이 연속적으로 합니다. 밀기 등으로 근육을 충분히 데운 뒤에 가볍게 힘을 주어 실시하는 동작으로, 피부를 이완시킨다는 느낌 정도면 충분합니다. 근막을 이완하고 지방 침착을 예방하며 근육의 유연성을 향상시키는 데 도움이 됩니다.

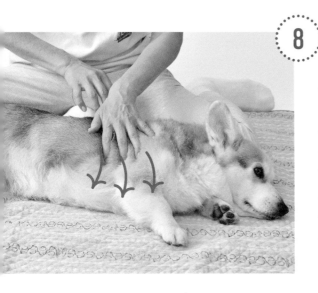

늑간근 밀기

손가락을 약간 벌려 갈비뼈 사이를 가볍게 쓸어내립니다. 양손을 교대로 사용하여 쓸어 줍니다. 갈비뼈를 반으로 나눠 머리쪽 반은 앞다리 겨드랑이 쪽으로, 꼬리쪽 반은 사타구니 쪽으로 쓸어내립니다. 몸통 부위의 긴장을 완화하고, 편안하고 깊은 호흡을 하는 데 도움을 줍니다.

쥐었다 놓기

양손 혹은 한 손으로 마사지할 부위를 감싸 쥡
니다. 6초 동안 서서히 압력을 높였다가 10초
동안 서서히 압력을 풀어 준 뒤 다음 부위로 이
동합니다. 이때 너무 세게 쥐지 않도록 주의하
세요. 혈액순환이 좋아져 근육의 긴장감을 줄일
뿐만 아니라 디톡스 효과도 있지요.

늘리기

팔을 교차시켜 손바닥 전체를 강아지의 몸에 올
린 후, 호흡을 뱉으며 천천히 양손을 벌렸다가 호
흡을 들이마시며 원래 자리로 돌아옵니다. 손바닥
을 떼지 않고 여러 번 반복하세요. 조금씩 부위를
넓혀 가도 좋습니다. 근육이 유연해질 뿐만 아니
라 진정 효과도 보입니다.

완전한 휴식과 깊은 호흡

깊고 자연스러운 호흡은 심신의 건강에서 빼놓을 수 없는 요소입니다. 정신의 균형을 맞출 뿐만 아니라, 육체적인 건강 면에서 무척이나 중요한 역할을 하기 때문입니다.

하루를 마무리하는 시간, 편안하게 긴장을 풀고 반려견과 깊은 호흡을 나눠 보세요. 길지 않아도 됩니다. 수 분이어도 좋습니다. 오직 호흡에만 의식을 집중하는 시간을 반려견과 함께하길 추천합니다.

| How to |

1   편안한 자세로 누워 긴장을 풉니다.

2   반려견에게도 긴장을 풀 시간을 줍니다. 호흡이 자연스러워질 때까지 기다립니다.

3   눈을 감고 내 호흡에 의식을 집중합니다. 자연스럽고 깊은 호흡을 반복합니다. 천천히 들이마셨다가 천천히 내쉬되, 내쉬는 호흡을 더 길게 가져갑니다.

4   반려견의 옆구리에 가볍게 손을 얹고 호흡의 패턴을 느낍니다.

5   아무 생각 없이 그저 내 반려견의 호흡을 느낍니다.

6   어릴 때 꿈결에 듣던 자장가의 느낌처럼, 반려견의 호흡을 편안하게 느낍니다. 들이마시는 숨, 내쉬는 숨에 집중하며 자연스러운 흐름에 몸을 맡깁니다.

고작 몇 분의 이 시간이 반려견과 함께하는 최고의 시간이 될 것입니다.

프레이즈 터치:
가볍게 노견의 심신을 어루만지다

누구나 간단히 할 수 있는 부담 없는 터치

나이가 들수록 몸의 감각 기능이 점차 떨어집니다. 시각, 청각, 미각, 후각을 담당하는 세포의 기능이 저하되고 신경전달물질도 줄어들기 때문이죠. 한 마디로 노화예요.

'프레이즈 터치'는 노화로 무뎌진 반려견의 신체를 자극해 몸의 기능을 끌어올리는 데 도움이 됩니다. 정신적인 면에도 좋은 영향을 줍니다. 노화가 진행되는 동안 반려견은 많은 변화를 겪거든요. 이름을 불러도 곧바로 알아채지 못하고, 놀이에 흥미를 잃어버리기도 해요. 외부 반응에 대한 몸의 감각이 둔해지니 자신감마저 떨어지고 불안정함이 마음에 딱 달라붙어 버리죠. 이때 프레이즈 터치가 반려견의 의식을 자극하는 역할을 해요. 프레이즈 터치로 심신을 관리하면 급성 혹은 만성질병을 예방해 건강수명을 연장할 수 있어요.

프레이즈 터치는 굿모닝 루틴(아침), 사랑해 루틴(점심), 굿나잇 루틴(저녁)으로 구성되며, 각 루틴에는 4~5가지 프레이즈 터치 테크닉이 포함되어 있습니다. 누구나 간단히 할 수 있다는 게 특징이에요. 마사지와는 달리 해부학적 지식도 필요하지 않고 반려견의 신체에 가해지는 부담이 적기에 매일 해도 됩니다.

프레이즈(praise)	• 함께한다는 행복과 기쁨 • 함께 보내는 시간이 주어짐에 감사함
터치(touch)	• 애정이 담긴 손길을 통한 교감 • 하나로 연결됐다는 안정감과 평온함

프레이즈 터치 역시 이 책에서 소개하는 터치 케어를 진행하려면 익혀 두어야 합니다. 물론 가장 중요한 건, 보호자의 애정을 반려견에게 매일 전달하고 함께하는 순간의 소중함에 집중하는 이 시간이죠.

프레이즈 터치로 깊어지는 유대감

애정 어린 손길을 나누면 옥시토신이라는 호르몬이 분비됩니다. 옥시토신은 행복감을 느끼게 하는 호르몬으로 면역력과 회복력을 높여요. 서로 깊은 유대감을 느끼고 신뢰 관계를 맺었다는 생각을 하면 분비되죠.

옥시토신은 종을 뛰어넘어요. 사랑하는 보호자의 애정 어린 손길을 느끼면 반려견의 뇌에서 옥시토신 분비가 촉진돼요. 반려견과 접촉하는 보호자의 몸에서도 같은 일이 벌어지고 이 과정을 통해 반려견과 보호자의 유대감이 한층 더 깊어집니다.

프레이즈 터치가 노견에게 주는 좋은 영향

- 신체 의식(감각)의 향상 → 운동 기능 향상
- 뇌 자극 → 치매의 예방과 개선
- 자신감 상승 → 스트레스 및 불안감 감소, 문제행동 개선
- 컨디션 확인 → 질병의 조기 발견
- 트라우마 감소 → 스트레스 및 불안감 감소, 문제행동 개선
- 통증 완화
- 일상의 건강 유지
  - → 호흡기, 비뇨기, 순환기 기능 유지 및 개선
  - → 대사 활동 촉진
  - → 체액 순환 활성화

굿모닝 루틴:
반려견의 아침을 상쾌하게

 반려견의 신체를 깨워 주자

아침에 일어났을 때 실행하는 루틴입니다. 노견은 누워 지내는 시간이 길기 때문에 잠에서 깬 뒤 컨디션이 올라오기까지 시간이 걸려요. 걷기 불편해할 수도 있고, 어딘가 움직임이 어색할 수도 있습니다. 다음의 굿모닝 루틴을 따라 부드럽게 쓰다듬으며 신체의 감각을 깨워 주세요.

터 치 케 어 실 천

1 손바닥으로 길게 쓸기

한 손바닥을 뒤통수에 가볍게 대고 꼬리 끝까지 끊지 않고 한 번에 천천히 쓸어내립니다. 꼬리 끝에서 손을 멈추지 말고 자연스레 바깥으로 빼세요. 그다음, 손을 어깨에 대고 바닥으로 쓸어내린다는 느낌으로 어깨부터 앞다리 그리고 앞발까지 쓸어 주세요. 양 앞다리를 끝낸 후, 다시 손을 어깨에 대고 몸의 측면을 쓸어 주세요. 어깨 → 몸통 → 엉덩이 → 대퇴부 → 뒷다리의 발끝까지 쭉. 몸의 반대쪽 측면도 같은 방법으로 쓸어 줍니다. 손바닥의 온기를 전달한다는 기분으로 느긋하고 부드럽게, 일정한 속도로 쓸어 주세요.

🦴 만졌을 때 싫어하는 부위가 있다면 그 부위는 손등으로 쓸어 주세요.

손가락 끝으로 길게 쓸기

손가락을 약간 벌리고 살짝 구부립니다. 빗으로 가볍게 빗듯 몸 전체를 쓸어 줍니다.
진행 순서는 손바닥으로 길게 쓸기와 같되 약간 더 빠르게 진행합니다. 전신에 기분 좋은 자극이 됩니다. 가볍게 긁듯이 만져 주면 잠든 몸이 깨어나고 혈액순환이 좋아집니다.

몸통 교차 쓸기

손가락을 약간 벌리고 살짝 구부린 후 반려견의 오른쪽 앞발 끝에 올립니다. 이때 손끝은 반려견의 발끝 방향입니다. 오른쪽 앞발 끝에서 시작해 등 중앙까지 손바닥 전체로 쓸어 올립니다. 등 중앙까지 왔다면 손끝을 반대 방향으로 바꾸고, 왼쪽 뒷다리 발끝까지 한 번에 쓸어 내립니다. 그대로 다시 등 중앙까지 손을 쓸어 올리고, 손끝을 반대 방향으로 바꾸고, 오른쪽 앞발 끝으로 쓸어 내립니다. 이 과정을 두 번 반복합니다. 왼쪽 앞발 - 오른쪽 뒷발 코스 역시 마찬가지 방법으로 두 번 반복합니다.

편안한 호흡을 유지하고, 등 위에서 감싸 안는 자세가 되지 않게 유의합니다.

옆구리 둥글리기

손바닥 전체를 개의 어깨에 밀착시킨 후 시계 방향으로 둥글리며 누릅니다. 원을 한 바퀴 그렸다면 한 호흡 쉬고, 뒷발 방향으로 손을 살짝 내려 다음 부위로 자연스레 손을 옮깁니다. 일정한 리듬으로 원을 그리세요. 피부가 가볍게 밀리는 정도의 힘이면 족합니다. 반대쪽도 같은 방식으로 터치하세요.

자는 동안 바닥에 밀착되어 굳어지기 쉬운 측면 부위에도 해 주면 좋습니다.

사랑해 루틴:
산책 때 하는 프레이즈 터치

매일 하는 산책의 기본 루틴으로 만들기

누워 있는 시간이 긴 노견에게도 산책은 필수입니다. 바깥의 공기, 불어오는 바람, 풀과 나무 냄새가 오감을 자극합니다. 이처럼 중요한 산책 전 혹은 산책 중에 기분 좋은 자극을 주면 반려견의 감각과 신체 기능을 깨울 수 있어요. 체온이 올라가면서 몸의 움직임도 부드러워집니다.

① 목 들어 올리기

보호자는 숨을 들이마시며 반려견의 목 피부를 살짝 쥐고 가볍게 들어 올립니다. 숨을 내쉬며 천천히 원래 상태로 놓으세요. 부위를 이동하며 같은 동작을 반복합니다. 소형견은 4군데, 중형견은 6군데, 대형견은 8군데로 부위를 나누어 동작을 수행합니다. 목 주변의 긴장을 풀어 줍니다.

🦴 몸집이 작은 소형견의 경우 손가락 2~3개만 사용해도 됩니다.

목 둥글리기

손가락이 반려견의 목 전체에 밀착되게 손을 얹습니다. 손가락을 시계 방향으로 돌리며 피부를 둥글립니다. 원을 한 바퀴 그렸다면 손을 다음 부위로 이동합니다. 소형견은 4군데, 중형견은 6군데, 대형견은 8군데로 부위를 나누어 수행합니다.

🦴 피부가 가볍게 밀리는 정도의 힘이면 족합니다. 너무 힘을 주지 않도록 주의하세요.

②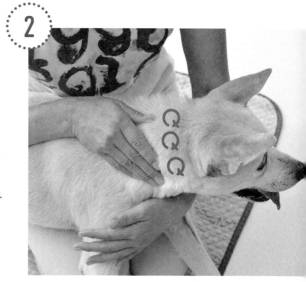

스노우 플레이크

손목에 힘을 빼고 털을 가볍게 털어 줍니다. 털에 묻은 눈을 떼어낸다는 느낌으로 리드미컬하게 손을 움직이세요. 어깨에서 엉덩이 방향으로 진행하며, 좌우 각각 한 번씩 해 주세요. 몸의 활력을 일깨웁니다.

헤어 서클

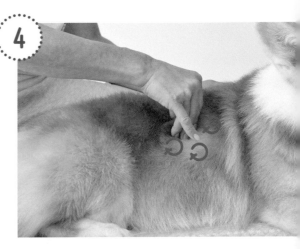

엄지, 검지, 중지로 털의 모근 부위를 살짝 쥐고 작은 원을 한 바퀴 그린 후 털의 끝에서 자연스레 손가락을 뺍니다(이때 털을 잡아당기지 않습니다). 다른 부위로 이동해 계속합니다. 휴식과 긴장 완화 효과가 있습니다. 보호자는 강아지의 신체 감각을 확인할 수 있습니다.

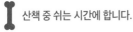 산책 중 쉬는 시간에 합니다.

5

레인 드롭

척추를 기준으로 왼쪽에 검지, 오른쪽에 중지와 약지를 대고 대각선 방향으로 밀어 줍니다. 척추 시작점부터 등을 지나 꼬리 시작점까지 손을 이동하며 가볍게 밀어 주세요. 이때 척추뼈에 손가락이 닿지 않게 주의합니다. 신체의 감각을 끌어올리고 자율신경의 균형을 잡아 줍니다.

산책 중 쉬는 시간에 합니다.

굿나잇 루틴:
편안한 밤을 위해

질 좋은 수면을 이끄는 프레이즈 터치

우리는 변화하는 사계절 속에서 살아갑니다. 급작스럽게 변하는 기압, 온도, 습도 등 자연의 변화무쌍함이 노견들에게는 스트레스로 작용하기도 하죠.

하루를 마무리하며, 오늘 하루도 잘 보냈다는 사실에 감사하는 마음을 냅니다. 그리고 서로의 몸과 마음을 쉬게 하는 프레이즈 터치를 통해 질 좋은 수면을 유도하는 거죠.

애정이 담긴 부드러운 손으로 마음과 마음을 나누는 시간. '지금 여기에 함께 있다'라는 사실에 집중하는 소중한 시간을 반려견과 나눠 보세요.

터 치 케 어 실 천

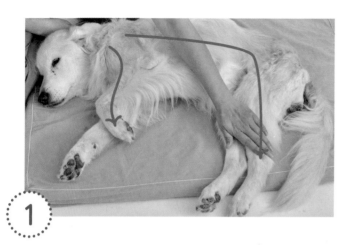

1

손바닥으로 길게 쓸기

손바닥을 이용해 몸 선체를 쓸어 줍니다. 손바닥의 온기가 전달될 수 있도록, 일정하면서도 느긋한 리듬을 유지합니다. 뒤통수에서 목을 지나 꼬리 끝까지, 털의 방향에 따라 길게 쓸어 줍니다. 중간에 끊어지지 않도록 유의하세요. 마음을 진정시키고 안정감을 줍니다.

2

어깨와 엉덩이 둥글리기

손바닥 전체를 반려견의 몸에 밀착시켜 시계 방향으로 원을 그리세요. 피부가 따라 움직일 정도의 힘이면 충분합니다. 원을 한 바퀴 그렸다면 손을 떼지 않고 다음 부위로 이동해 다시 원을 그려 주세요. 심신의 긴장을 완화합니다.

머즐 길게 쓸기

머즐은 한 마디로 주둥이예요. 코끝부터 귀뿌리
까지, 개의 얼굴에서 툭 튀어나온 부분을 말하
죠. 어미개가 새끼를 핥아 주듯이 머즐을 부드럽
게 쓸어 줍니다. 만졌을 때 민감해한다면 손등으
로 하세요. 감정의 균형을 잡아 줍니다.

패시브 터치

우선 보호자부터 긴장을 풉니다. 그런 후 손바
닥을 가만히 반려견의 몸에 얹습니다. 손바닥
에 의식을 집중해 반려견의 체온과 호흡을 느
껴 봅니다. 반려견과 보호자의 긴장을 완화하
고 마음을 나눕니다.

귀뿌리 둥글리기

손을 가볍게 오므려 손가락 두 번째 마디의 평평한 면을
귀뿌리에 대고, 시계 방향으로 작은 원을 한 바퀴 그립니
다. 부위를 이동해 다시 원을 그립니다. 다섯 번으로 나누
어 귀뿌리를 한 바퀴 돌아 주세요. 예민한 마음을 풀어 주
고 긴장감을 완화합니다. 소형견의 경우 손가락 끝을 사
용하세요.

앞다리 관절의 원활한 움직임을 돕는 관리법

 ## 관절 가동 범위가 중요하다

노화로 관절이 뻣뻣해지면 다리의 가동 범위가 줄어들어 몸 전체의 움직임이 어색해져요. 7세 이상의 노견 다섯 마리 중 한 마리는 관절염을 앓고 있다고 합니다.

지금부터 소개하는 관리법을 노령기가 찾아오기 전부터 일상적으로 실천해 주세요. 반려견 스스로 관절을 굽혔다 펴는 기능성 운동을 하면 나이가 들어서도 관절의 가동 범위를 넓게 유지할 수 있습니다. 마사지도 관절 기능 유지에 도움이 돼요. 근육의 긴장을 풀어 주면 굽히고 펴는 동작이 한결 수월해지거든요.

특히 포메라니안이나 토이 푸들 등 견갑골의 각이 좁은 견종은 어깨 관절의 가동 범위도 좁은 편이기 때문에 주의가 필요합니다. 어깨의 가동 범위가 좁으면 걸을 때 어깨 대신 무릎을 많이 쓰게 되므로 무릎 관절에 부담이 가중돼요. 거기다 노화로 근력이 떨어지면 머리 무게를 버티는 힘도 약해지고요. 머리가 밑으로 처지면 그에 대한 보상작용으로 견갑골이 솟게 되는데, 이 역시 어깨 관절에는 부담입니다. 이런 상태를 방치하면 계단을 오르는 등 일상적인 동작에 제약이 생길 수 있어요.

하지만 이 꼭지에서 소개하는 관리를 차근차근 실천한다면 관절 기능이 쇠퇴하는 시기를 최대한 늦출 수 있습니다.

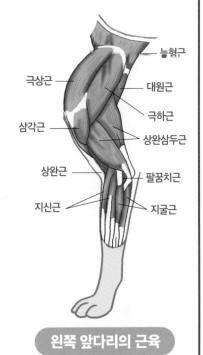

능형근
극상근
대원근
극하근
삼각근
상완삼두근
상완근
팔꿈치근
지신근
지굴근

왼쪽 앞다리의 근육

보 디 케 어 실 천

어깨 둥글리기 [터치]

부담이 많이 가는 어깨 관절을 푸는 동작입니다.
손가락 끝을 어깨 관절 주변에 대고 시계 방향으
로 가볍게 원을 그리세요. 관절 바로 위는 피하
고, 그 주변을 360도로 돌며 원을 그리세요.

삼각근 마사지 [마사지]

옆으로 눕힌 자세에서 견갑골의 위치를 확인하
세요. 견갑골 전체에 길게 쓸기 → 밀기 → 비틀
기를 실시해 근육을 따뜻하게 데웁니다. 그런 다
음 아래쪽에서 위쪽으로 짜기로 삼각근을 풀어
줍니다. 짜기를 마쳤다면 비틀기→밀기→길게 쓸
기의 순서로 마사지를 진행해 배출된 노폐물을
겨드랑이 쪽 림프샘으로 밀어 주세요.

하이파이브 [운동]

먼저 네 다리가 지면에 단단히 붙어 있는지, 올
바른 자세를 취하고 있는지 확인합니다. 자세가
안정됐다면 '하이파이브'라는 지시어를 주고 한
쪽 발을 들어 올리게 한 후, 그대로 잠시 유지합
니다. 익숙해지면 하이파이브 자세에서 유지하는
시간을 조금씩 늘려 가세요.

🦴 숙련도에 따라 바닥이나 방석, 불안정한 쿠션 위에
서 실시합니다.

볼록 매트 위에 서기 [도구]

힘줄과 인대를 강화하는 운동입니다. 볼록 매트
에 올라서게 한 다음 자세를 점검합니다. 바른 자
세로 서 있는지, 스스로 균형을 잡아 안정감 있게
서 있는지 확인합니다. 잘 섰다면 간식을 이용해
앞뒤로 조금씩 움직이게 합니다.

뒷다리 관절의 원활한 움직임을 돕는 관리법

컨디션
관리

질병
예방

근육을 좋은 상태로 유지한다

개는 뒷다리로 체중의 30~40퍼센트를 지탱합니다. 마사지로 뒷다리 근육을 유연하게 유지하면 뒷다리 관절도 건강한 상태로 유지할 수 있습니다. 또 발바닥으로 견고하게 땅을 디딜 수 있어야 하죠. 그래야 걷거나 뛸 때 뒷다리 관절의 부담이 줄어들기 때문입니다.

뒷다리에 양질의 근육이 붙을 수 있도록 피트니스를 실천합시다.

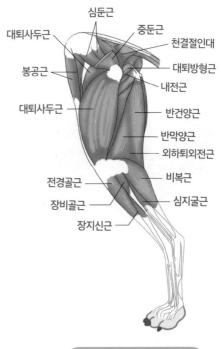

심둔근
대퇴사두근
중둔근
천결절인대
대퇴방형근
봉공근
내전근
대퇴사두근
반건양근
반막양근
외하퇴외전근
전경골근
비복근
장비골근
심지굴근
장지신근

왼쪽 뒷다리의 근육

보 디 케 어 실 천

흔들기 마사지

손바닥 전체를 넓적다리에 대고 좌우로 흔들며 천천히 진동을 줍니다. 근육의 긴장을 풀어 준다는 느낌이면 충분해요.

밀어 올리기 마사지

무릎 관절 위에서 고관절까지, 넓적다리 전체에 부드럽게 밀어 올리기를 합니다. 관절에는 직접적인 마사지를 피하세요.

밸런스 볼 운동 도구

고관절 굴곡과 근력 강화를 위한 운동입니다. 밸런스 볼 두 개로 적당한 높낮이 차이를 만드세요. 낮은 볼에 앞발, 높은 볼에 뒷발이 오도록 세웁니다. '앉아' 자세를 취하게 합니다(간식으로 유도합니다). 한 호흡 쉬었다가 '일어나' 자세를 취하게 합니다. 머리를 너무 젖히거나 숙이지 않도록 간식을 든 높이를 조절합니다. 일어서기 힘들어하면 뒷다리에 손을 대고 도와주세요.

4 훌라후프 걷기 도구

홀라후프 여러 개를 일직선으로 늘어놓습니다. 홀라후프끼리 약간 겹쳐서 배치하면 높낮이 차이를 낼 수 있습니다. 반려견이 홀라후프 안쪽 공간을 걸어가도록 유도합니다. 발끝을 의식하게 만들고, 관절의 굴곡과 신전 기능을 좋게 하는 운동입니다.

발가락 이완 마사지

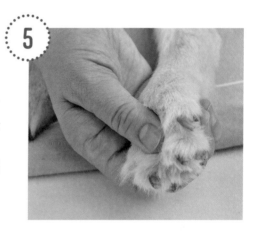

5

발등 시작점부터 발톱 끝까지, 발가락 사이사이를 엄지 손가락 끝으로 가볍게 밀어 줍니다. 발가락 이완이 끝나면 한손으로 발목 관절 위를 잡고 다른 한손으로 발끝을 잡아 천천히 발을 굽혀 주세요(발 구부리기). 중립 위치로 되돌린 다음 관절이 안정된 상태에서 천천히 발을 젖혀 줍니다(발 되돌리기). 딱딱하게 굳기 쉬운 발끝을 풀어 주기 때문에 지면에 발을 디디기 수월해집니다.

6

발바닥 둥글리기 터치

손가락 끝을 발바닥에 대고 시계 방향으로 작은 원을 그립니다. 힘은 아주 약하게만 주세요. 발바닥 터치가 끝났다면 발볼록살 사이도 둥글려 주세요. 부드러운 자극이 발바닥 힘을 키워 줍니다.

아래로 처지는 머리와
주변 근육을 위한 케어

 뻣뻣해진 목과 목 주변을 위한 마사지

개도 사람과 마찬가지로 나이가 들수록 근육의 양이 줄어듭니다. 특히나 무거운 머리를 지탱하는 데 어려움을 겪습니다. 또한 다리에 만성적인 통증이 있어도 머리를 떨군 채 걷는 경향을 보여요.

이런 이유들 때문에 부담이 쌓여 딱딱해진 목 주변 근육을 마사지로 풀어 주면 좋습니다. 이에 해당하는 근육이 승모근, 흉골두근, 쇄골두근경부입니다. 고개를 들어 올리기 편해지고, 혈액순환이 호전되며, 목의 움직임이 좋아짐에 따라 몸의 전반적인 움직임도 좋아집니다.

보 디 케 어 실 천

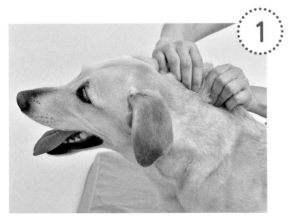

①

목 들어 올리기 터치

목 뒤쪽 근육의 긴장을 완화합니다. 목 뒤의 피부를 네 손가락으로 감싸 쥐고 살짝 위로 당겼다가 천천히 놓아 원래 상태로 되돌립니다. 위로 들어 올릴 때 보호자가 숨을 들이마시고 힘을 풀 때 숨을 내쉬면, 보호자의 호흡 소리 덕에 반려견의 긴장이 좀 더 쉽게 풀립니다.

목 둥글리기 터치

손가락 전체를 피부에 대고 시계 방향으로 원을 그립니다. 손의 움직임을 따라 피부가 움직이는 강도면 충분합니다. 원을 한 바퀴 그렸다면 부위를 옮겨 다시 원을 그립니다. 느긋하고 부드럽게 만져 주세요. 목 주변의 긴장을 완화시켜 노폐물을 배출하는 효과가 있어요.

목 종합 마사지 마사지

귀밑에서 시작해 어깨 관절까지, 견갑골에서 시작해 어깨 관절까지 길게 쓸기 → 밀기 → 비틀기 순서로 마사지를 시행합니다. 어느 정도 근육이 말랑해졌다면 목 주변에 부드럽게 밀어 올리기를 하여 긴장을 풀어 줍니다. 마지막으로 귀밑 림프샘까지 밀기로 밀어 준 뒤, 털을 정리하듯 부드럽게 길게 쓸기로 마무리합니다.

앞가슴 흔들기 마사지

손바닥을 앞가슴 쪽에 대고 위아래로 부드럽게 움직입니다. 부위를 옮겨 가며 몇 차례 반복하세요. 움츠러들기 쉬운 가슴 쪽의 긴장감을 편안하게 풀어 줍니다.

바른 자세 유지를 위한 등 관리

컨디션
관리

질병
예방

뭉치고 경직된 등을 풀어야 하는 이유

관절염 같은 질병 때문에 다리 쪽에 통증이 있다면 걸을 때 몸통 부분에 지나치게 힘이 들어가게 됩니다. 특히 등에 가해지는 부담이 상당하죠. 등이 위로 둥그렇게 굽거나 등이 처져 아래로 내려앉는 등 그 모양이 변형되기도 합니다. 등이 가해지는 부담은 내장 기관에도 부정적인 영향을 끼친다고 알려져 있어요.

뭉치기 쉬운 등을 마사지해 몸 전체의 긴장감을 줄여 주세요. 바른 자세를 잡는 데 도움이 되는 것은 물론 신체 균형을 건강하게 유지할 수 있어요.

마사지 실천

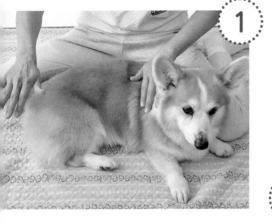

1 몸통 길게 쓸기 마사지

손바닥으로 몸통 전체에 길게 쓸기를 합니다. 뒤통수부터 꼬리 끝, 어깨부터 앞발 끝, 어깨부터 뒷발 끝까지 양손을 교대로 움직이며 부드럽게 쓸어 주세요. 마사지 내내 두 손 중 한 손은 반드시 몸에 붙어 있어야 합니다.

등 밀기 마사지

양손 엄지손가락 마디 전체를 사용해 밀기를 합니다. 양손을 교대로 움직이며 피모의 결을 따라 밀어 줍니다. 부드러운 리듬을 타며 일정한 힘으로 미는 게 중요해요. 등의 뭉침을 풀어 주고 등의 감각을 자극하세요.

몸통 비틀기 마사지

양 손바닥 전체를 반려견의 몸에 대고, 일정한 리듬으로 부드럽게 비틀기를 합니다. 양손의 엄지손가락이 만났다가 떨어지기를 반복하게 됩니다. 머리 쪽부터 시작해 뒷다리에서 끝냅니다. 혈액과 림프액의 흐름을 자극해 체액 순환이 좋아집니다.

④

등 모으기　마사지

근섬유의 결 방향에 맞게 양손을 올립니다. 살집을 밀어 양손이 닿는 느낌이 들 정도로 손을 모았다가, 단숨에 손을 벌려 살집을 원래 위치로 돌아가게 합니다. 조금씩 부위를 옮겨 가며 마사지합니다. 근육의 긴장을 풀어 줍니다.

⑤

몸통 늘리기　마사지

늘리기를 시행합니다. 팔을 교차시켜 양 손바닥 전체를 반려견의 몸에 올립니다. 숨을 깊게 내쉬며 양손을 바깥쪽으로 벌려 반려견의 피부를 늘립니다. 그 상태에서 2~3초 정도 기다렸다가 숨을 천천히 들이마시며 손가락을 오므립니다. 근막과 몸의 긴장을 풀어 줍니다.

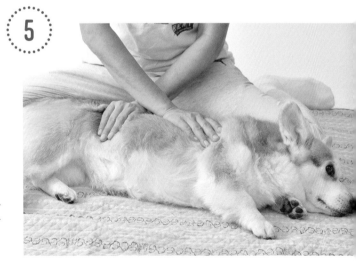

그 외 필수 열 가지 마사지 기술(30~34쪽 참고)인 흔들기와 굴리기도 추가하면 좋습니다.

만지면 기분이 좋아지는 앞가슴 케어

쉽게 피로해지는 앞가슴 근육 풀어 주기

개는 몸통 앞면으로 몸을 지탱합니다. 걷고 뛸 때 추진력을 발휘하는 근육들도 가슴과 복부 쪽에 분포되어 있죠. 노화와 함께 뻣뻣해지기 쉬운 부위가 몸통 앞면입니다. 많은 일을 하느라 피로가 자주 쌓이거든요. 앞가슴을 위시한 몸통 앞면을 제대로 풀어 주면, 고개를 들어 올리는 동작이 수월해지기에 시야가 좋아져요. 가슴 근육이 편안해지면 호흡계에도 좋은 영향을 끼칩니다.

보 디 케 어 실 천

① 비틀기 마사지

몸의 윤곽을 따라 양손을 교차시키며 가볍게 쓸듯이 비틀기를 합니다.

2   흔들기   마사지

앞가슴에 손바닥을 대고 근육을 가볍게 흔들며 진동을 줍니다. 어깨 주변도 풀리고 앞다리의 움직임도 좋아집니다.

경사 패드 운동   도구

경사 패드에 앞다리를 올려놓고 '엎드려'와 '앉아'를 반복합니다. 뒷다리는 고정하고 앞다리만 움직이며 자세를 취하게끔 유도합니다. 머리를 지탱하는 가슴 근육을 강화하는 운동입니다.

3

4

포복 전진   운동

다리 사이나 막대기 밑을 통과하는 운동입니다. 통과하기 쉬운 높이에서 시작해 조금씩 높이를 낮추어 갑니다. 가슴 근육과 몸통이 강해집니다.

부하를 많이 받는
앞다리의 근력 유지를 위해

견고하게 버티는 힘을 기른다

개는 뒷다리부터 약해지기 때문에 앞다리에 가해지는 부담이 커질 수밖에 없습니다. 나이가 들수록 앞다리 쪽 근육이 딱딱하게 굳는 것도 그 때문이에요. 밥을 먹을 때, 바닥 냄새를 맡을 때, 좋아하는 장난감을 물 때, 앞다리로 버티는 힘이 늘 필요합니다.

개의 앞다리는 체중의 절반 이상을 지탱합니다. 무거운 머리 역시 앞다리 근육의 몫이에요. 그런데 노화로 근력이 빠지게 되면 앞다리에 치중되는 부담은 더 커질 수밖에 없죠. 앞다리에 피로가 누적되고 근력이 약해져서 버티는 힘이 떨어지면 앞다리가 바깥쪽으로 벌어지게 됩니다. 그렇게 되면 내리막에서 필요한 제동력이 떨어지고, 금방이라도 구를 것 같은 불안정한 자세로 걸어요. 나이가 들어도 앞다리 근력을 유지할 수 있도록 꾸준히 관리하는 것이 무엇보다 중요합니다.

← 목과 앞다리에 부담이 가지 않도록 받침대를 이용해 밥그릇의 높이를 올려 주세요. 몸이 앞으로 쏠리지 않는 높이면 적당합니다.

보디 케어 실천

상완삼두근 마사지 마사지

견갑골부터 발목 관절까지 길게 쓸기→밀기 순서로 풀어 준 뒤 근육을 횡단하듯 양손을 교차하며 비틀기를 합니다. 마지막으로 무릎 관절에서 어깨 방향으로 밀어 올리기로 마무리합니다. 상완삼두근의 유연성을 높여 앞다리의 움직임을 편하게 만들어요.

상체 세우기 운동

팔굽혀펴기와 유사한 자세로 앞다리 전체와 가슴 부위의 근력을 강화합니다. 우선 '엎드려' 자세를 바르게 취하게 합니다. 그 상태에서 뒷다리는 그대로 두고 앞다리를 뒤쪽으로 움직여 상체를 들어 올리게 유도합니다.

 뒷다리가 뒤로 빠지지 않도록 코너나 벽을 이용해도 좋습니다.

경사 패드에서 버티기 도구

경사 패드에 뒷발을 올리게 한 후 바르게 선 자세를 취하게 합니다(스태킹). 반려견 스스로의 힘으로 바른 자세를 취했는지 확인하고, 10~15초를 센 후 자세를 풉니다. 무리가 되지 않는 선에서 시작해 버티는 시간을 점차 늘려 가세요. 앞발의 근력을 길러 줍니다.

경사 패드가 아니더라도 경사가 있는 도구면 다 좋습니다.

허리부터 뒷다리까지,
근력 유지를 위한 케어

몸통 뒷부분의 근력과 혈액순환을 잡자

개는 앞다리를 주축으로 움직입니다. 뒷다리는 추진력이 필요할 때 힘을 발휘하고요. 허리 근육은 다리 움직임의 핵심인 고관절에 연계된 근육으로, 나이를 먹을수록 약해지기 쉬운 근육 중 하나입니다.

한편 넓적다리에 위치한 대퇴사두근은 개의 몸을 구성하는 근육 중 가장 큰 근육입니다. 크기가 큰 만큼 많은 혈류가 필요한 근육이기도 하죠.

마사지로 허리와 뒷다리의 혈류를 촉진하면 뻣뻣해진 근육에 충분한 영양을 공급할 수 있습니다. 또한 근력 유지를 위한 적극적인 운동도 필요해요. 근육을 건강하게 유지할 수 있도록 매일 꾸준히 관리해 줍시다.

중 둔 근   마 사 지

중둔근은 몸통의 가장 잘록한 부위에서 엉덩이 쪽으로 붙어 있는 근육입니다. 고관절 움직임에 개입하는 중둔근이 유연하면 다리의 굴곡과 신전 기능을 좋은 상태로 유지할 수 있습니다.

1 길게 쓸기 마사지

엉덩이 방향으로 중둔근을 몇 차례 길게 쓸어 줍니다.

2 밀기 마사지

엉덩이 방향으로 밀기를 합니다.

3 비틀기 및 마무리 마사지

수직 방향으로 양손을 교차하며 비틀기를 합니다. 그런 다음 밀기 기법으로 피부를 사타구니의 림프샘 쪽으로 밀어 줍니다. 마지막으로 털의 결을 따라 길게 쓸기로 마무리합니다. 고관절 바로 위에서는 비틀기의 강도가 너무 세지 않게 힘을 조절하세요.

뒷 다 리 마 사 지

뒷다리에서 몸통 쪽으로 붙어 있는 봉공근, 대퇴사두근, 그리고 꼬리 쪽으로 붙어 있는 대퇴이두근, 반막양근, 반건양근을 마사지합니다.

① 길게 쓸기 마사지

몸통과 뒷다리가 붙어 있는 뒷다리 시작점에서 발끝까지 길게 쓸기를 합니다.

밀기 마사지

몸통과 뒷다리가 붙어 있는 뒷다리 시작점에서 무릎 위까지 밀기를 합니다.

3

비틀기 　마사지

몸통과 뒷다리가 붙어 있는 뒷다리 시작점
에서 무릎 위까지 비틀기로 풀어 줍니다.

4

밀어 올리기 및 마무리 　마사지

허벅지 앞뒤를 부드럽게 밀어 줍니다. 사타구니의 림
프샘까지 밀어 올리기를 한 뒤, 그 지점에서 발끝까지
길게 쓸기로 마무리합니다.

5

둥글리기 　터치

손가락 끝으로 고관절 주변에 부드럽게 원을 그리며 둥
글리기를 합니다. 고관절 주변을 360도로 돌며 시행하
세요. 고관절의 통증을 줄이는 데 도움이 됩니다.

버티는 힘에 필수,
발볼록살 케어

컨디션
관리

질병
예방

발볼록살 자극으로 버티는 힘을 기른다

"울퉁불퉁한 비포장 길 산책을 피하게 됐어요."
"유모차에 태우고 하는 산책이 늘었어요."
"조금만 걸어도 안아 달라고 보채네요."

나이 든 소형견을 키우는 보호자라면 많이들 공감하는 내용이지요? 노화에 따른 근력
약화가 원인입니다.
발바닥의 그립력, 즉 밀리지 않고 버티는 힘이 약해지면 발의 근력은 물론 힘줄과 인대
도 같이 약해집니다. 반대로 강력한 발의 힘으로 견고하게 버틸 수 있다면 몸의 균형을
잡기 쉽고 몸통도 안정을 찾아요. 등과 목에 불필요한 힘이 들어가지 않으니 근육이 뭉
치는 일도 줄어들고요. 발이 튼튼하면 다리 관절도 안정되기 때문에 무릎 질환을 예방하
는 데 도움이 됩니다.

보디 케어 실천

볼록 매트 위를 걷기 도구

불안정한 매트 위를 걷게 합니다. 걸음걸이를 유심히 관찰한 뒤 필요하다면 올바른 자세로 교정해 줍니다. 천천히 걷도록 유도하세요. 스스로 근육을 올바르게 사용하도록 의식하는 데 도움이 됩니다. 몸의 밸런스도 잡히죠.

스트레칭 마사지

발바닥 끝에 손가락 전체를 대고 발등 쪽으로 가만히 젖힙니다. 잠시 멈췄다가, 발바닥 쪽으로 굽혀 줍니다. 두 동작을 천천히 반복합니다. 과하게 젖히거나 굽히지 않도록 주의하세요. 근력 약화로 피로감이 쌓인 발가락 관절과 근육을 충분히 풀어 주세요.

발 마사지 마사지

발가락 끝이 벌어지도록, 엄지손가락으로 발가락 뼈 사이를 밀어 줍니다. 발목 관절에서 발끝 쪽으로 밀어 주세요. 발의 긴장을 풀어 줌으로써 땅을 단단히 디딜 수 있게 합니다.

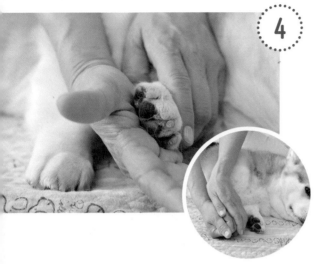

4 쥐었다 놓기 마사지

손바닥을 반려견의 발볼록살에 대고 가볍게 감싸 쥡니다. 6초 동안 천천히 압력을 높였다가 6초 동안 그대로 유지한 뒤 천천히 힘을 뺍니다. 발을 만지는 걸 싫어한다면 억지로 하지 말고 일단 손등으로 발 주변을 가볍게 터치하는 것부터 시작합니다.

둥글리기 터치

발볼록살에 손가락을 대고 작게 원을 그려 줍니다. 부위를 옮기며 반복합니다. 발볼록살 사이 옴폭한 부분과 발톱도 둥글리기를 합니다. 차가워지기 쉬운 발의 혈액순환을 촉진합니다.

6 촉각 자극 도구

장난감 혹은 실리콘 재질의 강아지용 빗 등 다양한 도구를 활용해 촉각 자극을 주세요. 발바닥의 감각을 끌어올립니다.

온몸에 영향을 끼치는 입 케어

입 내부를 매일 체크하고 관리해야 하는 이유

사람이 손을 써서 하는 작업을 개는 입으로 합니다. 물건을 물어서 다른 곳으로 옮기고, 주둥이의 감각으로 상황을 체크해요. 또한 커뮤니케이션에 필요한 몸짓언어를 수행하는 부위이기도 한데, 대표적으로 이를 세우지 않고 다른 개의 주둥이를 물어 '지금 하는 행동을 멈춰!'라는 뜻을 전하는 머즐 그랩(muzzle grab)이 있습니다. 또한 딱딱한 것을 씹으며 스트레스를 풀기도 하죠.

이렇듯 입은 매우 중요한 신체 기관입니다. 내부 장기의 건강과도 밀접한 기관이기에, 구강 건강을 지키는 일은 곧 몸 전체의 건강을 지키는 일이기도 합니다. 입속 세균이 증가해 치주염에 걸리면 세균이 피를 타고 돌다가 심장이나 간에 병을 일으킬 수 있어요. 때로는 신장에 염증이 증식해 사구체신염에 걸리기도 합니다. 온몸이 붓고 혈뇨를 보는 증상을 보이는 무서운 질환입니다.

그뿐만이 아닙니다. 소형견은 하악골(아래턱뼈) 두께에 비해 이빨이 크기 때문에 치주병이 악화되면 하악골까지 손상될 수 있어요. 딱딱한 것을 씹는 단순한 행위나 외부에서 가해진 가벼운 충격만으로 하악골이 골절될 가능성이 높아집니다.

더욱이 대부분의 구강 질환은 치료할 때마다 전신 마취를 해야 합니다. 노견의 전신 마취에 따르는 위험을 고려한다면, 강아지 때부터 꾸준히 입을 관리하는 일이 더욱 중요하겠죠? 치아에 달라붙은 음식물 찌꺼기가 치주 질환의 원인이 되므로 치태(플라크) 제거를 위한 양치질은 필수입니다. 치태를 방치하면 타액 성분과 섞여 치석으로 변하게 됩니다. 일단 치석으로 자리 잡으면 칫솔질만으로는 제거하기 어려워지므로 스케일링을 위해 전신 마취를 해야 하죠. 이런 일을 방지하기 위해서 양치질을 빼먹지 말고 매일 꼼꼼하게 해 주세요.

개는 구강 질환을 티내지 않는다

개는 생존본능이 강하기 때문에 구강 통증이 있어도 평상시처럼 밥을 잘 먹습니다. 그래서 보호자가 입에 생긴 병을 놓치는 경우가 많습니다. 그러니 매일 양치질을 할 때마다 입속의 상태를 확인합시다. 7세 이전에는 1년에 한 번, 7세 이후부터는 반년에 한 번 동물병원에서 입을 체크하세요.

이런 증상이 있다면 병원에 데려갈 것

- 잇몸의 색깔이 빨갛다.
- 잇몸이 내려앉았다.
- 입냄새가 심하다.
- 침을 자주 흘린다.
- 이빨이 부러진다.
- 이빨이 빠진다.
- 이빨이 불편해 보인다.
- 한쪽으로만 씹는다.
- 먹을 때 음식물을 흘린다.
- 식욕이 떨어졌다.
- 자꾸 혀를 내밀어 입을 핥는다.
- 앞발로 입을 자주 긁는다.
- 바닥에 얼굴을 비빈다.
- 장난감과 칫솔에 피가 묻어 나온다.
- 무는 장난감에 흥미를 보이지 않는다.

보디 케어 실천

머즐 길게 쓸기 터치

어미가 새끼를 핥아 주듯, 손가락 전체를 머즐 부위에 대고 귀 밑까지 부드럽게 길게 쓸기를 합니다. 입 주변은 개가 좋아하는 터치 부위입니다.

잇몸 둥글리기 터치

손가락에 힘을 빼고 잇몸에 가볍게 원을 그립니다. 잇몸이 건조하다면 손가락을 물에 적셔서 둥글리기를 합니다. 익숙해졌다면 양치질용 가제 수건을 손가락에 감아 둥글리기를 수행합니다.

→ 잇몸 둥글리기에 거부감이 없어졌다면 칫솔로 넘어갑시다. 우선은 강아지용 치약을 칫솔에 묻혀 핥아 보게 합니다. (사람 치약에는 개에 치명적인 자일리톨이 배합되어 있으므로 절대 쓰면 안 됩니다.) 반려견이 선호하는 맛이 아닌 것 같으면 치약을 바꿔 가며 내 반려견에게 맞는 치약을 찾아내세요.
양치질하는 방법을 간단히 소개합니다. 턱을 받치고 가볍게 입을 벌려 줍니다. 칫솔을 치아와 45도 각도로 대고 앞니 쪽에서 뒷니 쪽으로 원을 그리듯 부드럽게 닦아 나갑니다. 다정하게 말을 걸며 안심시키세요. 양치질을 마쳤다면 구강 건강에 좋은 간식으로 보상하세요.
처음에는 앞니 몇 개부터 시작해 닦는 개수를 조금씩 늘리세요.

시력 약화를 예방하는 눈 관리

나이가 들수록 늘어나는 안구 질환

개는 원래 다른 감각에 비해 시력이 떨어지는 편입니다. 그런데 노화로 안구 근육의 유연성마저 떨어지면 가까운 사물을 보는 게 더 어려워져요. 잘 놀다가도 아차 하면 공을 놓치고, 산책 중에 장애물을 보지 못해 깜짝 놀라는 경우도 많아집니다.

노견에게 가장 많이 발생하는 안구 질환은 안구건조증과 백내장입니다. 백내장은 서서히 진행되는지라 보호자가 놓치기 쉬운 병 중 하나예요. 전혀 모르고 있다가 병증이 심각해진 후에야 발견되는 경우가 많죠. 그러니 평소에도 눈동자가 흐려지진 않았는지, 가구에 부딪치진 않는지 주의 깊게 살펴봐야 합니다.

녹내장도 노화와 함께 발병률이 높아지는 병입니다. 녹내장은 안압이 높아지면서 발병하는데, 실명의 위험성과 함께 통증도 동반해요. 소기에 빌견해 병원 치료를 받는 것이 중요합니다. 물론 집에서 할 수 있는 적극적인 케어도 필요합니다.

안구 질환을 예방하려면 산책에 적절한 유산소 운동을 추가하는 한편 구강 상태를 양호하게 유지해야 합니다. 줄을 당기며 걷는 반려견의 경우 안압이 높아지지 않도록 목줄 대신 하네스를 사용하기를 권해요. 또한 질 좋은 수면과 충분한 휴식을 통해 자율신경의 균형을 잡는 것도 도움이 됩니다.

← 노견이 되면 면역력이 약해져 감염성 안구 질환에도 취약해집니다. 식사와 영양제 등을 통해 눈에 필요한 영양소를 충분히 섭취할 수 있도록 신경 씁시다.

보 디 케 어 실 천

1

눈 주변 둥글리기 터치

검지, 중지, 약지로 눈 주변에 작은 원을 그리세요. 손가락에 힘을 빼고 피부가 움직일 정도로만 부드럽게 둥글립니다. 눈 위에는 직접적으로 하지 마세요. 눈 주변의 세포를 활성화하는 데 도움이 돼요.

2

목 주변 둥글리기 터치

손가락 전체로 목 주변의 살집을 잡고 살짝 들어 올리듯 원을 그리세요. 피부가 움직일 정도로만 힘을 씁니다. 부위를 옮겨 가며 반복합니다. 목 주변의 긴장을 풀어 안압을 낮추고 자율신경의 균형을 잡는 데 도움이 돼요.

3

살짝 빨리 걷기 운동

평소 속도로 산책하다가, 일정 구간을 정해 살짝 빠른 속도로 걷습니다. 목표 지점까지는 되도록 멈추지 말고 일정한 속도를 유지하세요. 반려견의 컨디션에 맞게 길이와 구간을 정하세요. 가벼운 유산소 운동은 안압을 낮춰 줍니다.

> 🦴 달리기 등 과격한 운동은 안압을 올리므로, 이미 녹내장이 있다면 너무 빠른 속도는 피하세요.

4

패시브 터치 터치

잠들기 전 실행하여 질 좋은 수면을 유도합니다. 손바닥을 반려견의 몸 위에 가만히 올리고 온기와 호흡을 느끼며 반려견의 호흡에 맞춰 같이 호흡합니다. 반려견의 가쁜 호흡이 진정되지 않는다면, 보호자 자신의 호흡에 집중해 깊고 자연스러운 호흡을 계속합니다.

노년성 난청을 관리하기

컨디션 관리

질병 예방

가능한 빨리 알아차릴 것

노견의 청력 변화는 일상에서 좀체 알아채기 어렵습니다. 어느 날 문득 '이상하네? 귀가 나빠졌나?' 하고 느껴진다면 이미 노년성 난청이 상당 부분 진행됐을 가능성이 크죠. 그러니 다음과 같은 모습이 관찰된다면 주의 깊게 살펴봐야 해요.

반려견이 노년성 난청일 수도?

- 이름을 불러도 반응이 없다(특히 뒤에서 불렀을 때).
- 앉아, 기다려 같은 지시어에 반응이 없다.
- 주변이 시끄러워도 잠에서 깨지 않는다.
- 잠이 많아졌다.
- 큰 소리로 짖는다.
- 자주 불안해한다.

괜찮아, 눈과 피부가 있으니까

손바닥을 보여주며 '기다려'를 시킵니다. 손바닥을 아래로 내리며 '앉아' 혹은 '엎드려'를 시킵니다. 이렇듯 기본 훈련을 할 때는 손 동작과 함께 하는 것이 좋습니다. 강아지 때부터 시각을 병행해 보호자와 커뮤니케이션을 하면 나이가 들어 청력이 약해져도 원활한 소통이 가능하며 스트레스를 훨씬 덜 받기 때문입니다.

또한 촉각은 오감 중 유일하게 나이를 먹어도 쇠퇴하지 않는 감각입니다. 청각을 포함해 오감의 기능이 떨어져 불안해하는 모습을 보인다면 충분히 만지며 촉각으로 소통하세요. 프레이즈 터치와 마사지는 쉽게 불안해하는 노견을 안심시킬 수 있습니다.

보 디 케 어 실 천

① 귀 돌리기 [마사지]

엄지와 검지 사이에 귀를 끼우고 앞으로 세 번,
뒤로 세 번 두피 전체가 움직이도록 천천히 돌려
주세요. 귀 모양을 따라 실시합니다. 청각 약화를
예방하는 데 도움이 됩니다.

② 귀 만지기 [마사지]

귀 돌리기 후, 그대로 슬라이딩하듯 손가락이 귀
를 타고 올라갔다가 내려옵니다. 귀뿌리에 도착
할 때마다 귀를 주무르듯이 손가락을 살짝 오므
립니다.

③ 흉골두근 밀어 올리기 [마사지]

귀밑으로 이어진 흉골두근을 엄지와 검지로 가
볍게 쥡니다. 위에서 아래로, 아래에서 위로 밀어
주며 마사지합니다.

④ 귀 뿌리 둥글리기 [터치]

손끝으로 가볍게, 피부가 움직일 정도의 힘만 주어
원을 그려 주세요. 다음 부위로 옮겨 반복하세요.

🦴 쉽게 불안해하는 개라면 45쪽에 소개한 '머즐 길게
쓸기'도 추가합니다.

편안하고 깊은 호흡을 위한 관리법

 문제는, 경직된 가슴 주위의 근육

반려견이나 사람이나 깊은 호흡은 생명과 건강 유지에 없어서는 안 되는 중요한 요소입니다. 깊은 호흡은 부교감신경을 활성화하는데, 부교감신경은 에너지를 보존하여 긴장과 피로를 회복하는 방향으로 작용하는 신경입니다. 따라서 부교감신경이 활성화하면 스트레스를 줄여 주므로 정신적인 면에도 좋은 영향을 끼칩니다. 그러나 노화로 전신 근육의 유연성이 떨어질수록 호흡이 얕아지고 기침도 잦아집니다. 나빠진 혈액순환과 신진대사와 겹쳐, 기운 없이 처져 있다거나 움직이기 힘들어하는 등 다양한 형태로 증상이 나타납니다.

이럴 때 가슴 주위의 근육을 마사지해야 합니다. 노화로 굳어 있는 가슴 주위를 이완시켜 편안하고 깊은 호흡을 유도하기 위해서입니다. 또한 스트레칭과 운동으로 근육의 유연성을 높여 줄 수 있고요.

반려견이 편하게 쉬고 있을 때 1분당 호흡수를 측정해 봅시다. 소형견은 1분당 20~30회, 대형견은 15회 전후가 평균적인 수치입니다. 가슴이나 복부가 올라갔다 내려가는 것을 1회로 카운트합니다. 15초간 횟수를 잰 뒤 4를 곱하면 1분당 호흡수를 보다 쉽게 측정할 수 있습니다.

→ 나이가 들수록 심장 질환의 발병률이 높아집니다. 어떤 견종은 나이와 상관없이 유전적으로 심장 질환에 취약하기도 하죠. 모든 근육이 그렇지만, 가슴 근육을 세심하게 풀어 주는 것 역시 반려견에 대한 사랑 중 하나입니다.

보 디 케 어 실 천

패시브 터치 `터치`

손바닥을 반려견의 어깨 주변에 살짝 대고 몸의 온
기와 반려견의 호흡을 느껴 봅니다. 손을 그대로
두고 반려견의 호흡에 맞춰 같이 호흡합니다. 만약
반려견의 호흡이 빠르다면 나의 호흡에 집중해 깊
고 편안하게 호흡합니다. 반려견을 안심시켜 깊은
호흡을 유도합니다.

늑간근 밀기 `마사지`

손가락을 벌려 갈비뼈 사이사이에 배치시키고, 늑간근 밀기를
합니다. 다리에 통증이 있으면 몸통에 힘이 들어가 근육이 긴
장하는데, 호흡에 직접적으로 관련된 늑간근의 긴장을 덜어내
면 폐에 많은 공기가 유입됩니다.

밸런스 볼 스트레칭 `도구`

앞다리를 밸런스 볼에 올립니다. 뒤통수에서 꼬리 시작점까
지 깔끔한 대각선을 만듭니다. 코앞에 간식을 들이밀어 동작
을 유도합니다. 익숙해졌다면 조금씩 시간을 늘려, 15초 동안
자세를 유지할 수 있게 합니다.
노견은 머리가 밑으로 처지는 경향이 있기 때문에 폐에 관련
된 근육이 딱딱해지기 쉽습니다. 밸런스 볼로 하는 스트레칭
은 가슴과 옆구리의 늑간근, 승모근, 외복사근, 상완두근 등
을 이완시켜 깊고 편하게 호흡할 수 있게 도와줍니다.

적정 체중 유지는 곧 건강 유지

비만은 만병의 근원

노견이 살이 찌는 이유는 다양합니다. 가장 큰 원인은 신체 기능이 저하되고 감각 기능이 떨어져 운동량이 줄었기 때문입니다. 혹은 관절염 같은 병에 걸리면 통증이 생겨 산책을 기피하기도 하고, 무료함을 떨치지 못해 음식에 집착하기도 합니다. 아니면 보호자가 운동을 싫어하는 개에게 고칼로리 사료를 급여하기도 하고, 간식을 너무 많이 주는 것이 원인일 수도 있어요.

노화가 진행될수록 적정 체중을 유지하는 것이 중요해요. 체중이 증가하면 관절염이 악화되고 당뇨병에 걸릴 위험이 증가하거든요. 당뇨병은 백내장을 부르고 심장 질환의 발병 위험도 높이는 무서운 질병이죠. 결과적으로 체중 증가에 따라 연쇄적으로 건강이 망가집니다.

평소 생활을 살펴보며 비만의 원인이 무엇인지 객관적으로 생각해 보세요. 예를 들어 애정 표현으로 간식을 주는 것이 일상이 됐다면 간식 대신 프레이즈 터치를 하는 방식으로 바꿔 보는 것도 방법이에요.

다음 77쪽 표는 BCS(Body Condition Score: 신체충실지수) 단계에 따른 반려견 비만 구분법입니다. 시각과 촉각을 이용해 반려견의 체중과 체형을 진단하는 가이드라인이니 참고 바랍니다.

BCS 5단계		**비만** 지방층이 두꺼워 갈비뼈가 만져지지 않는다. 요추(허리 부분 척추)와 꼬리뼈 시작점에도 지방이 쌓여 있다. 위에서 봤을 때 허리에 잘록한 부분이 없거나 있어도 거의 찾기 힘들다. 옆에서 봤을 때 복부가 바닥과 수평이거나 아래로 처져 있다.
BCS 4단계		**과체중** 지방이 상당히 붙어 있으나 갈비뼈가 만져지기는 한다. 위에서 보면 허리의 잘록한 라인이 간신히 보인다. 옆에서 봤을 때 복부가 아주 살짝 올라가 있다.
BCS 3단계		**이상적인 체중** 지방이 적당히 덮여 있고 갈비뼈가 만져진다. 위에서 봤을 때 갈비뼈 뒤로 잘록한 허리선이 보인다. 옆에서 보면 복부가 보기 좋게 올라가 있다.
BCS 2단계		**저체중** 갈비뼈가 쉽게 만져진다. 잘록한 허리선이 확실하고 복부도 뚜렷하다.
BCS 1단계		**체중 미달** 갈비뼈, 요추, 골반이 육안으로도 쉽게 보인다. 지방이 잘 만져지지 않는다. 피골이 상접해 허리선과 복부 굴곡이 지나치게 가파르다.

출처:《반려인을 위한 펫푸드 가이드라인》(일본 환경성 배포)

보디 케어 실천

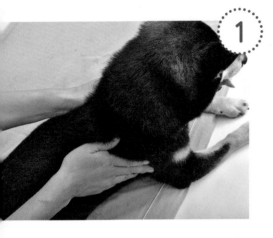

① 길게 쓸기 마사지

몸의 윤곽을 스캔하듯, 목 주변부터 꼬리까지 양손으로 길게 쓸기를 합니다. 갈비뼈가 손바닥으로 느껴지는지, 허리가 잘록한지 확인하세요.

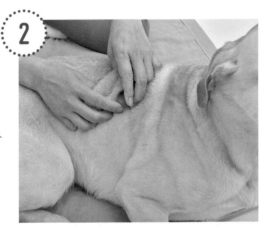

굴리기 마사지

지방 침착을 예방하고 근막을 풀어 주는 효과가 있으므로 움직임이 줄어든 반려견에게 매우 좋아요.

③ 흔들기 마사지

손바닥을 몸에 대고 근육까지 흔들어 준다는 느낌으로 흔들기를 실시합니다. 몸을 데우고 혈액 및 림프액의 순환을 촉진합니다.

4

밸런스 볼에서 균형 잡기 (도구)

밸런스 볼 위에서 바른 자세를 잡고 5초~30초 정도 균형을 유지하도록 유도합니다.
관절을 움직이지 않고 할 수 있는 동작이기 때문에 관절에 부담이 적습니다.

5

수영 (운동)

느긋하게 수영하는 시간을 가져 보세
요. 반려견이 수영에 익숙하지 않다
면 구명조끼의 핸들을 수면과 수직으
로 잡아서 보조하세요. 더 많은 수중
운동은 3장(90~94쪽)을 참고합니다.

🦴 반려견이 이미 비만이라면, 다이어트나 운동을 해도 좋은 상태인지 먼저 수의사와 상담하세요.
과한 수영은 심장에 부담이 되므로 무리하지 않도록 주의합니다.

하루 대부분을 누워서 지내는
노견 돌보기

욕창을 예방하자

노견은 나이를 먹을수록 누워 지내는 시간이 길어지는데, 오랜 시간 같은 자세로 누워 있으면 욕창이 생길 수 있습니다. 욕창은 장기간 압력이 가해진 부위의 혈류가 막혀 세포가 괴사하는 무서운 질병입니다.

욕창을 방지하려면 특정 부위에 압력이 가해지는 걸 피해야 하는데, 무엇보다도 딱딱한 곳에 눕게 해서는 안 됩니다. 체압을 분산시켜 주는 고탄성 매트를 깔아 주세요. 특히 누워서만 지내야 하는 경우라면 매트 선택이 무엇보다 중요해요. 너무 푹 꺼지지 않고 몸을 잘 받쳐 주는 편안한 매트 중에서 반려견의 상태에 맞는 것을 선택하세요. 그리고 2~3시간마다 반드시 자세를 바꿔 주어야 합니다. 자세를 바꿀 때마다 똑바로 선 자세를 취하게 하고, 30초 정도 그 자세를 유지하게 합니다. 다리의 부종을 풀어 주고 내장 기관의 위치를 안정시키는 효과가 있어요. 또한 건강할 때의 눈높이에서 봐 왔던 익숙한 경치가 눈에 보이면 정신에도 긍정적인 영향을 끼칩니다. 선 자세를 취하기 어렵다면 엎드리는 자세라도 괜찮아요.

자세를 바꿀 때는 다리를 잡지 말고 반드시 몸통을 안아 주세요. 다리 관절에 무리가 가지 않도록 세심하게 살피는 것을 잊지 마세요.

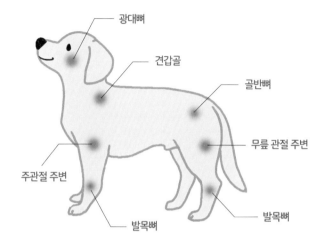

욕창이 생기기 쉬운 부위

- 광대뼈
- 견갑골
- 골반뼈
- 무릎 관절 주변
- 주관절 주변
- 발목뼈
- 발목뼈

**누워만 지내는
노견에게 나타나는 변화**

- 욕창
- 부종
- 근육 경직
- 관절 경직
- 치매

보 디 케 어 실 천

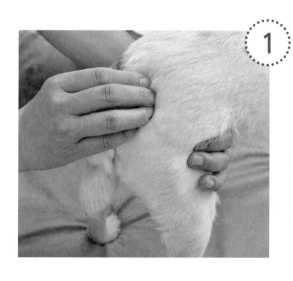

(1)

둥글리기 터치

욕창이 생기기 쉬운 부위 주변에 시행합니다.
세포를 활성화하고 혈액순환을 촉진합니다.
발볼록살도 둥글리기를 하면 감각이 자극됩
니다.

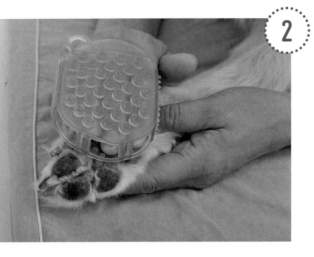

2

발볼록살 자극 [도구]

스펀지, 인조잔디, 금속망, 수건, 돌 등 다양한 도구를 활용해 발볼록살을 눌러 주세요. 지면을 디딜 일이 적어진 발바닥에 다양한 촉각 자극을 보내어 감각을 재인식시키는 과정으로, 세포와 신경계 전체에 자극을 보낼 수 있습니다.

서서 유지하기 [운동]

보호자의 도움으로 선 자세를 유지하는 운동입니다. 혼자 서 있을 때와 비슷한 모습이 나올수록 좋습니다. 보호자가 편안하게 호흡하고 있으면 반려견도 쉽게 안정감을 찾습니다. 소형견의 경우, 좌우에서 몸통을 잡아 발바닥이 지면을 디딜 수 있게 지탱하세요. 중형견이나 대형견의 경우 무릎을 반려견의 배 밑에 넣고 목과 꼬리 앞을 양팔로 받쳐 주세요.

3

4

수건으로 서서 유지하기 [도구]

수건을 접어 배에 대고, 발바닥이 지면에 닿을 때까지 조금씩 들어 올립니다. 혼자 서 있을 때처럼 발이 지면을 디디면 거기에서 멈춰 유지합니다. 다리에 힘이 빠지는 것 같다면 무릎이 꺾이기 전에 재빨리 힘을 주어 들어 올려 같은 과정을 반복합니다.

쉽게 불안해지는 노견을 안심시키는 법

컨디션 관리

질병 예방

 ## 어릴 때와 몸이 달라졌다

개도 사람과 마찬가지로 노화로 신체 기능이 약화되면 자신감이 떨어지고 불안한 기분이 들어요. 예전에는 가능했던 일이 지금은 불가능해졌고, 오감이 퇴화해 사물과 상황을 파악하는 데에도 시간이 걸리고, 거기에 더해 가족과 함께하던 다양한 경험도 줄어들기만 하니까요. 보호자가 귀가할 때마다 꼬리 치며 달려들던 모습도 노화와 함께 사라집니다. 사람을 봐도 별다른 반응 없이 쳐다보기만 하는 반려견을 보면 어딘지 모르게 멀어졌다는 느낌이 들기도 하죠.

그러나 반려견의 마음은 그때와 똑같아요. 보호자가 집에 오기를 애타게 기다렸으며, 마음속으로 있는 힘껏 꼬리를 흔들고 있어요. 단지 신체 기능이 쇠락해 곧바로 반응하지 못할 뿐이에요. 늙어 버린 반려견과 깊은 유대감을 나누세요. "여기에 있을게. 항상 함께하자."라는 마음을 전해 안심시켜 주세요. 서로의 마음이 행복해질 수 있는 자양분이 될 거예요.

보 디 케 어 실 천

패시브 터치 터치

눈을 감고 깊은 호흡을 반복하여 보호자가 편안해진 상태에서 시작합니다. 반려견의 몸에 가만히 손을 얹습니다. 제일 먼저 몸의 온기를 느낍니다. 손바닥으로 전해지는 반려견의 호흡에 의식을 집중합니다. 그 호흡에 맞춰 보호자도 깊고 자연스럽게 호흡합니다.

만져야 알 수 있는 것

손으로 전해지는 반려견의 체온에 집중하며, 깊은 호흡과 함께 몸의 윤곽을 따라 손을 부드럽게 움직여 만지는 습관을 들여 보세요. 반려견의 평소 상태를 손이 알고 있다면 뭔가 변화가 생겼을 때 금방 알아차릴 수 있으니 질병을 조기에 발견할 수 있죠. 혹은 몸에서 느껴지는 딱딱함, 긴장감, 열감, 차가운 느낌이 현재 내 반려견이 느끼는 심리 상태의 반영일 수도 있어요.

어떻게 만져야 할까

- 피모의 상태를 살핍니다. 특정 부위에 탈모나 비듬이 생겼는지 관찰합니다.
- 긴장감이 쌓인 부위가 있는지 찾아봅니다.
- 체온의 차이를 감지합니다. 유달리 뜨겁거나 차가운 부위가 있는지 관찰합니다.
- 부종이 있는지 찾아봅니다.
- 뾰루지가 돋지는 않았는지 살펴봅니다.
- 만지면 좋아하는 부위와 싫어하는 부위를 나누어 파악합니다.

반려견의 몸을 일깨우는 케어

컨디션
관리

질병
예방

개는 생각해서 움직이는 것을 좋아한다

나이 든 사람들은 종종 낮은 턱에 걸려 넘어지곤 합니다. 분명 다리를 든다고 들었는데 생각만큼 높이 올리지 못했기 때문이에요. 근력이 약해지면서 몸의 위치감각도 떨어진 탓이죠.

노화가 진행되면 시각에 의존하지 않고 몸의 위치와 무게와 운동 상태를 파악하는 고유 수용성 감각이 떨어지게 됩니다. 사람이나 개나 신체 기능이 약화되는 양상은 비슷하죠. 고유 수용성 감각의 퇴화를 조금이나마 늦추려면 신체의 윤곽을 의식하게 도와주는 마사지와, 머리를 쓰는 운동이 도움이 됩니다. 그 과정에서 뇌세포도 활성화하기 때문에 치매 예방 효과도 기대할 수 있어요.

보 디 케 어 실 천

① 손바닥으로 길게 쓸기 터치

몸의 윤곽을 따라 손바닥 전체로 쓸어 줍니다. 발이나 다리 등 면적이 좁은 부위는 손가락을 사용하세요. 천천히, 정성을 담아 몸의 윤곽을 확인시켜 주세요. 손이 발끝까지 왔다면 거기서 손을 멈추지 말고 자연스레 바깥으로 내보내세요. 예민하게 반응하는 부위는 손등으로 진행하세요.

몸통 교차 쓸기 터치

오른쪽 앞발에서 시작해 등을 지나 왼쪽 뒷발까지 길게 쓸기를 합니다. 손가락 방향은 오른쪽 앞발의 발끝 쪽을 향했다가 등 한가운데에서 왼쪽 뒷발의 발끝 쪽으로 돌려 주세요. 손을 떼지 않고 같은 방식으로 오른쪽 앞발로 되돌아옵니다. 두 번 왕복한 뒤, 왼쪽 앞발에서 시작해 오른쪽 뒷발까지 같은 요령으로 반복합니다.

③ 레인 드롭 터치

검지, 중지, 약지 끝으로 뒤통수에서 척추를 따라 내려가며 가볍게 톡톡톡 두드립니다. 이때 뼈는 직접 건드리지 말고 그 옆을 두드리세요. 빗방울이 떨어지듯, 손가락을 가볍게 움직여 주세요.

4 꼬리 케어 　터치

꼬리 시작점을 잡고 시계 방향으로 세 번, 시계 반대 방향으로 세 번 돌려 줍니다. 무리가 없는 범위에서 천천히 돌려 주세요. 그 뒤 꼬리 끝까지 길게 쓸기로 마무리합니다.

꼬리는 몸의 방향타 역할을 하는데, 관절염이 있는 강아지의 꼬리는 아픈 다리 쪽으로 쏠려 있는 경향이 있습니다. 또한 겁이 많은 개는 꼬리가 내려간 상태에서 과한 힘을 주고 있기도 하고요. 꼬리 케어는 꼬리를 자연스러운 상태로 되돌려 몸의 균형을 잡기 쉽게 만드는 효과를 볼 수 있어요.

훌라후프 걷기 　도구 　5

훌라후프를 바닥에 늘어놓고 그 위를 건너가는 운동으로, 관절의 굴곡과 신전 기능을 좋게 합니다. 익숙해졌다면 훌라후프를 겹쳐서 늘어놓거나 두 개를 쌓아 높이 차이를 두는 등 다양한 운동에 도전해 보세요. 잘 해냈다면 충분히 칭찬하세요. 놀이하듯 재밌게 하는 것이 중요합니다.

바른 자세로 바르게 서기

바른 자세로 바르게 서기(스태킹)는 사람만큼이나 개에게도 무척이나 중요합니다. 잘 움직이기 위해서는 물론이고 건강 유지 측면에서도 기본 중의 기본이라 할 수 있죠. 자세가 바르지 않으면 목, 등, 다리에 부담이 가중되어 허리와 무릎 관절에 통증을 유발하고 심하면 몸 전체가 틀어지기도 합니다.

바른 자세로 바르게 걷는 것도 중요합니다. 바르게 걸으면 전신 근육을 골고루 키울 수 있고 내장과 뇌의 건강을 유지하는 데 도움이 됩니다. 개는 걸을 때 앞다리로 자기 체중의 60~70퍼센트를 지탱하고 뒷다리로 30~40퍼센트를 지탱하는데, 이 비율이 개의 보행에서 가장 이상적인 비율입니다.

바른 움직임은 바른 자세를 전제로 합니다. 아래의 그림을 볼까요? 개를 옆에서 봤을 때 어깨 관절에서 앞발을 이은 선이 바닥과 수직을 이루고, 마찬가지로 고관절과 뒷발을 이은 선이 바닥과 수직을 이루어야 바른 정렬입니다. 견갑골에서 골반으로 이어진 척추뼈 라인도 곧게 이어져 있어야 하죠. 바른 자세가 유지된다면 다음 동작으로 가는 움직임도 바르게 연결됩니다.

바른 자세를 유념하며 매일 조금씩 기본 훈련을 하는 것도 도움이 됩니다('앉아', '엎드려', '일어나', '기다려'). 반려견과의 소통과 운동을 겸할 수 있으니 일거양득입니다. 이미 우리 반려견은 노견이라고요? 지금 시작해도 괜찮습니다. 천천히, 무리하지 않는 선에서 차근차근 해 나가면 됩니다.

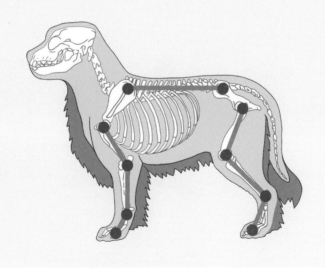

강아지 때부터 시작하는 피트니스

3장

물의 힘을 활용한 노견 케어

 ## 수중 운동의 이점

균형을 못 잡아 휘청대거나 통증 탓에 서 있기 힘들어하던 노견도 물속에서는 달라집니다. 자세가 편안해지고 신체의 균형도 자연스레 유지되는데, 이는 물의 점성과 부력 덕분이에요. 수온, 수압, 물결의 영향으로 온몸의 혈액순환이 촉진되기 때문에 관절의 통증도 줄어들어 한결 편안해져요. 이러한 물의 힘을 이용하면 운동을 할 때 반려견의 몸에 부담이 적습니다.

잔잔한 물속에서 진행하는 수중 운동은 근력이 떨어지고 관절이 움직이는 범위가 줄어든 노견의 건강 유지와 개선에 큰 효과를 발휘합니다. 질병 예방에 효과적인 것은 물론, 노화로 움직이기 힘들던 몸이 다시 움직이는 경험을 할 수 있으니 정신적으로도 긍정적인 자극이에요. 관절에 부담이 적으니 체중을 감량해야 하는 비만견에게도 최적의 운동법이지요.

그렇다면 수중 운동의 대표적인 특징과 이점을 더 자세히 알아볼까요?

부력

물속에서는 부력이 작용하기 때문에 몸의 긴장이 쉽게 완화됩니다. 관절에 가해지는 부담이 줄어드는 이유도, 관절이 움직이는 범위가 넓어져 운동 기능이 높아지는 요인도 부력 때문입니다.

수압

정수압이라고도 하죠. 물이 정지 상태에 있을 때 물이 물체에 가하는 압력을 말합니다. 물이 가하는 적절한 압력을 받으며 물속에 있으면 몸 전체의 순환이 좋아집니다.

점성

물의 점성은 반려견의 몸을 지탱하는 효과가 있습니다. 만약 반려견이 쓰러지려 할 때도 물의 점성 때문에 쓰러지는 시간이 길어지니 반응이 느려진 반려견도 대응할 수 있죠. 감각을 끌어올리고 불안정한 관절을 안정시키는 역할도 합니다.

저항

저항은 움직임에 비례해 늘어나고 줄어드는데, 반려견의 움직임에 상응하는 저항만 발생하므로 몸에 무리가 가지 않아요. 속도가 빨라지거나 물에 닿는 표면적이 넓어질수록 저항이 증가하니 참고합니다.

물결

몸에 닿는 물의 흐름은 부드러운 마사지 효과가 있습니다. 순환이 원활해지는 긍정적인 작용을 기대할 수 있습니다.

수중 운동을 하면 안 되는 경우

- 개방성 창상(살갗이 찢어진 상처)이 생긴 경우
- 급성 염증이 있는 경우
- 피부, 피하 조직에 짓무름, 감염, 출혈이 있는 경우
- 체온 조절 기능에 이상이 있는 경우
- 기타 질병 때문에 수의사가 수중 운동을 금지한 경우

집에서 수중 운동을 할 때 주의해야 할 점

- 물의 온도는 뜨겁지도 차갑지도 않은 32~36도 정도가 좋습니다.

- 안전을 위해 반드시 구명조끼를 입히세요. 이때 착용 방법을 숙지한 뒤 제대로 입히고, 반려견의 몸에 맞게 구명조끼를 조절하세요. 그렇지 않으면 반려견의 무게 중심과 부력 중심이 동일 수직 선상에 있지 못하고 서로 어긋나게 되어 물속에서 균형을 잡기 어려워집니다. (단, 운동이 아닌 마사지나 휴식을 취할 때는 예외적으로 벗습니다. 구명조끼가 방해가 되기 때문이죠. 보호자가 반려견을 잘 잡고 있으면 괜찮아요.)

- 구명조끼의 핸들은 수면과 수직이 되게 잡습니다. 한쪽으로 힘이 치우치면 반려견이 균형을 잡지 못해 당황하게 됩니다.

- 반려견의 속도에 맞춰 걷습니다. 반려견보다 속도가 빠르거나 느리면 손에 불필요한 힘이 가해져 반려견 신체의 균형이 깨집니다.

- 절대, 절대 반려견에게서 눈을 떼지 마세요.

아쿠아 피트니스

1 적응 　터치

물에 몸을 다 담그기 전에, 손에 물을 묻혀 긴장하고 있는 반려견의 목 주변을 만져 줍니다. 귀가 물에 닿는 것에 적응하도록 귀도 가볍게 만져 주고, 물속에서 균형을 잘 잡을 수 있도록 꼬리도 가볍게 만져 주세요.

물에 뜨기 　운동

반려견의 자세를 제대로 잡고, 가슴에 딱 붙여 안고 손으로 받쳐 줍니다. 물의 부력과 흐름에 조금씩 적응하는 과정입니다.

3 독립 　운동

안고 있던 팔을 서서히 뻗어 반려견의 몸을 물에 맡기게 합니다. 목과 엉덩이 밑을 가볍게 받쳐 몸의 움직임이 안정되도록 보조하세요.

매트 접촉 도구

물의 흔들림과 부력에 적응하게 돕는 훈련입니다. 매트 위에 반려견을 올리고 조금씩 매트를 눌러서 몸이 물속에 들어가게 합니다. 계속 말을 걸며 안심시키세요.

매트에서 밸런스 잡기 도구

매트 앞쪽을 살짝 눌러 매트를 기울임으로써 반려견 스스로 균형을 잡게 유도합니다. 뒤쪽도 똑같이 매트를 눌러 기울여 주세요. 여기까지 익숙해졌다면 프레이즈 터치를 추가해 더 큰 효과를 보는 것도 좋습니다.

둥글리기 터치

물의 흔들림 속에서 둥글리기를 합니다. 어깨에서 엉덩이까지, 그리고 목 주변에 원을 그리세요. 물속에서 몸의 긴장을 풀어 나가며 부력의 힘을 느껴 보게 합니다.

7

커브 돌기 운동

반려견이 헤엄쳐서 스스로 돌게 합니다. 균형이 무너지지 않도록 핸들을 잡고 몸통 부위를 보조하세요. 몸통과 몸의 균형 감각, 유연성을 강화하는 운동입니다.

'이리 와' 운동

반려견과 적당한 거리를 두고, '이리 와'라고 반려견을 불러 자력으로 헤엄치게 합니다. 움직임에 상응하는 물의 저항만이 몸에 가해지므로 무리 없는 운동입니다.

8

9

몸을 맡기고 휴식 운동

부력에 몸을 맡기고 쉴 수 있게 도와줍니다. 힘을 빼고 물에 떠서 몸을 맡기면 심신의 피로가 저절로 치유됩니다. 물결에 의한 마사지 효과도 얻을 수 있어요.

좋은 자세를 유지하게 돕는 운동

밸런스
향상

밸런스 볼, 사람만 쓰는 게 아니다?

밸런스 볼은 재활 치료를 목적으로 이탈리아에서 처음 고안된 기구로, 스위스로 넘어간 후 의료용으로 자리 잡아 널리 퍼졌습니다. 사람뿐만 아니라 개의 재활 측면에서도 상당한 효과를 발휘하는 도구로 반원이나 아령 등 그 모양도 다양합니다. 강아지부터 노견에 이르기까지 모든 연령대의 개가 활용하면 좋아요.

개는 원래 머리를 써서 움직이는 것을 아주 좋아하는 동물입니다. 그러나 도시 생활을 하는 개들에게 주어진 산책로는 아스팔트로 된 평평한 길뿐이죠. 다시 말해, 울퉁불퉁한 비포장 길을 걷거나 장애물을 피해 뛰어다니며 몸의 균형 감각을 발휘할 기회가 너무나 부족합니다.

게다가 태어나자마자 부모나 형제자매들과 떨어지게 된 경우가 많아, 서로 몸을 부딪치고 장난치며 자신의 몸을 '의식하는' 기회도 적어졌습니다.

다양한 도구를 사용하여 속근육을 단단하게

노견의 건강을 제대로 관리하기 위해서는 종합적인 케어가 필요합니다. 우선 터치 케어로 근육, 인대, 힘줄, 관절의 상태를 양호하게 유지하고 전반적인 컨디션을 올려 줍니다. 스트레스를 풀어 정신 건강을 유지하는 것도 중요하고요. 여기에 밸런스 볼이나 경사 패드 등 도구를 이용한 운동을 추가해 근력, 균형감각, 유연성, 지구력을 유지시키면 정말 좋겠죠?

다양한 운동으로 몸통의 힘과 균형 감각을 키워 주면 좋은 자세를 유지하는 데 도움이 됩니다. 자세가 좋아지면 편안하고 깊게 숨을 쉴 수 있고, 이는 휴식할 때 기능하는 부교감신경의 활성화를 유도하므로 기분이 안정되는 연쇄 효과가 납니다.

나이가 들수록 좋은 근육을 유지하는 게 중요해요. 안타깝게도 목줄을 하고 걷는 산책만으로는 근육의 발달은 거의 기대할 수 없다고 보면 됩니다. 넓은 공간에서 자유롭게 뛰어다니며 다양한 운동을 꾸준히 할 수 있어야 근육의 질도 좋아집니다.

반려견의 건강한 노후를 위해 밸런스 볼과, 앞으로 나올 여러 기구를 활용해 보세요. 산책으로는 단련할 수 없는 근육(몸통 근육, 속근육)을 강화할 수 있습니다.

보디 케어 실천

①

밸런스 볼에서 균형 잡기 `도구`

밸런스 볼 위에 바르게 서서 반려견 스스로 균형을 잡게 유도합니다. 몇 초 동안 유지시킵니다.

② 밸런스 볼에서 하이파이브 도구

밸런스 볼 위에 서서 균형을 잡고 유지할 수 있게 되었다면, 그 상태에서 보호자와 반려견이 하이파이브를 합니다. 몸통과 어깨 관절을 강화하는 데 도움이 됩니다.

경사 패드 운동 도구

경사 패드에 앞다리만 올려 '엎드려'로 엎드리게 한 뒤 '일어나' 자세를 시킵니다. 조금 힘들어한다면 손을 배 밑에 넣어 살짝 도와줘도 괜찮습니다. 일어선 자세에서 허리가 휘지 않고 제대로 정렬되었는지 확인하세요. 반려견의 상태에 맞춰 휴식을 취해 가며 여러 번 반복합니다.

④ 뒤로 걷기 도구 운동

말 그대로 뒤로 걷는 운동입니다. 발바닥 전체, 특히 발뒤꿈치 쪽을 사용함으로써 발목 인대를 강화하고 몸 전체를 안정시켜요. 고관절의 굴곡과 신전 기능을 바르게 잡고 뒷다리 근육을 강화하며 혈액순환을 촉진하고 몸통 부위를 단련합니다.

5

옆으로 걷기 운동

반려견을 옆으로 걷게 합니다. 몸통이 안정되고 좌우의 균형 감각이 좋아집니다. 양방향으로 번갈아 운동하는 동안 네 다리의 내전근과 외전근을 단련할 수 있습니다.

6

목표 지점까지 걷기 운동

뒤로 걷기와 옆으로 걷기가 익숙해졌다면 그 거리를 점차 늘려 갑니다. 목표로 삼은 매트에 발이 닿을 때까지 걷도록 유도하며 조금씩 거리를 늘리세요. 발이 매트에 닿았다면 크게 칭찬하세요. 발바닥 감각을 향상시키는 데도 도움이 되는 운동입니다.

7

밸런스 볼 계단 도구

밸런스 볼 계단을 만들고 올라가도록 유도합니다. 균형을 잡으며 큰 보폭으로 성큼성큼 계단을 오르는 경험을 통해 자세를 유지하는 근력이 향상됩니다. 골반 주위 근육이 단련되면서 신체의 축도 안정됩니다. 아킬레스건과 발바닥을 제대로 쓰면 자세도 좋아집니다.

앞다리 근력 유지를 위한 운동

 일상 속에서 항상 고생하는 앞다리를 위해

앞다리는 일상의 다양한 움직임 속에서 몸의 하중을 늘 지탱하고 있어요. 나이가 들며 허리와 다리의 근력이 약해지면 앞다리에 가중되는 부담은 더 커지고요. 앞다리가 팔 (八)자 모양으로 벌어지거나 내리막길에서 제동을 거는 앞발의 기능이 약해지지 않도록, 노화가 시작되기 전부터 앞다리의 근력을 강하게 만들어 줍시다.

보 디 케 어 실 천

경사 패드에서 버티기 [도구] ①

바닥면이 울퉁불퉁한 경사 패드 위에 뒷다리만 올리고 선 자세를 유지하게 합니다.

경사 패드 운동 도구

경사 패드에 뒷다리를 올리고 '엎드려'와 '앉아'를
반복합니다. 앞다리와 가슴 근육을 강화합니다.

밸런스 볼 딛고 버티기 도구

반려견의 키에 맞는 밸런스 볼 위에 앞다리를
올려놓고 버티게 하는 운동입니다. 앞다리의
좌우 균형을 맞추고, 근력과 관절을 강화합니다.

뒷다리 근력 유지를 위한 운동

근력
향상

뒷다리가 강해지면 혈액순환까지 좋아진다

노화로 뒷다리 사용이 줄어들면 근력은 떨어지고 관절은 뻣뻣해집니다. 자세를 유지하려면 심층근의 역할이 중요합니다. 마사지와 무리 없는 운동을 통해 뒷다리 쪽 심층근을 강화시켜 줍시다. 대퇴부 근육을 움직이면 몸 전체의 혈액순환도 좋아지니 건강에 더할 나위 없이 좋아요.

보 디 케 어 실 천

경사 패드 운동 도구

(1)

경사 패드에 앞다리를 올린 채 '앉아'와 '일어나'를 반복합니다. 허리와 다리의 근력을 강화하는 운동입니다.

밸런스 볼 운동 도구

밸런스 볼로 높이 차이를 만들고 높은 쪽에 뒷
다리를 올리게 합니다. 그 자세에서 '앉아'와 '일
어나'를 수차례 반복합니다. 고관절의 굴곡과
신전 기능을 좋게 하고 다리와 허리의 심층근을
강화하는 운동이에요.

밸런스 볼에서 균형 잡기 도구

③

밸런스 볼로 높이 차이를 만들고 그 위에 반려견
을 세우되, 낮은 쪽에 뒷다리가 오도록 합니다.
그 상태에서 바른 자세를 유지하게 합니다. 몸통
을 강화하고 다리의 균형 감각과 근력을 향상시
킵니다.

딛고 버티는 발을 깨우는 운동

발에 의식을 집중시키자

우리 반려견은 발로 지면을 견고하게 딛고 있나요? 반려견의 일상을 관찰해 봅시다. 발이 불안정한 상태에서 움직인다면 다리 관절에 직접적인 영향을 줄 뿐만 아니라 심리적으로도 불안해집니다.

발의 힘줄과 인대를 강화하면 부상을 방지할 수 있어요. 고유 수용성 감각을 유지하는 데도 큰 도움이 됩니다.

반려견의 발 건강을 위해

- 집에 미끄러지지 않는 매트를 깔아 주세요. 마루판이나 장판같이 미끄러운 바닥에서 생활하는 반려견은 다리가 늘 긴장해 있고, 실제로 관절에 가해지는 부담도 클 수밖에 없습니다.
- 겁이 많아 다리 쪽에 늘 긴장감이 있다면 프레이즈 터치와 운동으로 자신감을 북돋아 주세요.
- 밖에 나갈 때 유모차를 자주 이용하거나 혹은 보호자에게 안겨 나가는 소형견이라면 따로 시간을 내서 걷기 운동을 해야 합니다.
- 휴일에는 산이나 바다로 나가 다양한 지면을 체험하게 하세요.

보디 케어 실천

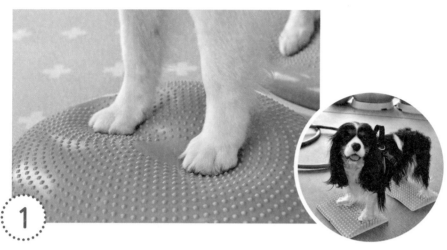

1

볼록 매트 위를 걷기 [도구]

밸런스 볼이나 볼록 매트 등 올록볼록한 바닥 면을 밟게 합니다. 발바닥이 자극되어 바닥을 지지하는 힘이 좋아지고 발의 힘줄과 인대도 강화됩니다.

2

밸런스 볼에서 걷기 [도구]

일렬로 늘어놓은 밸런스 볼 위에서 균형을 잡으며 걷게 합니다. 걸으면서 발바닥을 의식하게 되니, 바닥을 디디고 버티는 힘이 길러지고 두뇌가 깨어나며 동적 균형 감각도 향상되죠. 경사 패드 위에서 해도 좋습니다.

③ 장애물 넘기 도구

허들 등 장애물을 넘는 운동입니다. 네 다리 모
두 지면에 확실히 닿을 수 있도록 천천히 진행
하세요. 발의 고유 수용성 감각을 향상시키고,
관절의 굴곡과 신전 기능을 좋게 합니다. 두뇌
트레이닝과도 이어지죠.

훌라후프 걷기 도구

훌라후프로 다양한 장애물을 만들어
건너가게 합니다. 중간에 경사 패드
나 볼록 매트 등을 두어도 좋습니다.

④

⑤

산책 운동

풀밭, 모래밭 등 감촉이 다른 길을 여러 군데 선택해
산책하며 발바닥에 다양한 자극을 주세요.

계속 움직이는 원동력,
지구력 향상 운동

지구력을 높이려면 운동이 답

개는 원래 지구력이 뛰어난 동물입니다. 심장과 폐가 커서 폐활량이 좋기 때문이죠. 그러나 지구력 또한 노화의 영향을 피해 가지는 못합니다. 그러니 어릴 때부터 꾸준한 운동으로 심폐와 혈관, 근지구력과 전신 지구력을 유지하는 것이 중요합니다. 전신 지구력이 좋아지면 모세혈관이 발달해 근육의 질이 좋아지고, 체중 유지에도 도움이 돼요.
다만 노견은 근력이 약하므로, 지구력 운동을 할 때 다음과 같은 모습을 보인다면 운동의 강도를 낮추거나 멈추어야 합니다.

운동을 멈추거나 강도를 낮게 조절해야 하는 경우

- 하품을 하고 눈을 자꾸 깜빡인다.
- 꼬리가 내려가 있다.
- 가쁜 숨을 내쉰다.
- 몸을 떤다.
- 소변이 마려워 보인다.
- 발을 끌며 걷는다.
- 자세가 무너진다.
- 속도가 떨어진다.

보 디 케 어 실 천

빠르게 걷기 `운동`

여유롭게 걸으며 워밍업을 한 뒤, 속도를 올려 빠르게 걷습니다. 일정한 속도를 유지하세요. 반려견의 컨디션에 따라 목표 지점과 걷는 속도를 설정하고, 목표 지점에 도착할 때까지를 걷기 운동 시간으로 삼으면 됩니다. 지쳐 보이거나 발이 끌린다면 운동량이 과한 상태이니 멈춰야 합니다.

느긋한 수영 `운동`

수영은 물속에서 하는 전신 운동입니다. 지구력과 체력을 향상시키고, 비만견도 관절의 부담 없이 운동할 수 있습니다. 천천히, 느긋하게 하세요.

트레드밀 운동 `도구`

트레드밀 위에서 일정한 속도로 걷습니다. 네 다리의 안정적인 착지력, 몸의 균형, 지구력을 높여 줍니다.

🦴 물속에서 운동할 수 있는 수중 트레드밀도 있습니다. 수의사와 상담하세요.

유연성 있는 몸 만들기

근력
향상

유연해야 다치지 않는다

노견일수록 허리나 다리를 더 쉽게 다칩니다. 근육이 굳어 있고 관절의 유연성이 떨어지기 때문이죠. 특히 자고 일어났을 때는 몸이 더 굳어 있는 상태라 움직이는 자체를 힘들어하기도 해요. 딱딱하게 굳어진 근육을 풀어 주고, 세심하게 움직이도록 유도해 나가면 유연성을 유지할 수 있습니다.

특히나 운동 전 워밍업으로 마사지를 해 주면 좋은데, 혈액순환이 좋아지고 근육과 관절의 가동 범위가 넓어져 운동의 효율이 높아지기 때문입니다. 유연성이 향상되면 일상의 움직임 자체가 편해집니다. 노견의 삶의 질 향상을 위해 놓쳐서는 안 되겠죠.

보 디 케 어 실 천

1

기지개 펴기 　운동

개가 누워 있다 일어날 때 가슴을 땅에 붙이며 온몸을 스트레칭하는 그 동작입니다. 그런데 나이가 들면 기지개를 펴는 횟수도 줄어듭니다. 따라서 간식으로 기지개 펴는 동작을 유도합니다. 앞다리와 몸통, 뒷다리의 유연성을 높여 줍니다.

2

목 스트레칭 운동

다음의 순서대로 스트레칭을 유도합니다. 하늘 쳐
다보기 → 가운데로 돌아오기 → 가슴 쳐다보기 →
가운데로 돌아오기 → 오른쪽 45도 돌리기 → 가운
데로 돌아오기 → 왼쪽 45도 돌리기. 간식 등으로
유도하면 됩니다. 머리를 들어 올리기 편해져 몸 전
체의 움직임이 좋아지고 혈액순환도 촉진됩니다.

🦴 목이 지나치게 꺾이지 않도록 주의합니다. 반려견의 목이
움직이는 범위까지만 합니다.

돌기 운동

큰 원을 그리며 돌게 합니다. 오른쪽으로 한 바퀴 돌
았다면 두 호흡 쉬고 왼쪽으로도 한 바퀴 돌게 하세
요. 상태를 보며 수차례 반복합니다. 간식으로 유도하
는 경우 반려견이 머리를 하늘로 추켜올리지 않도록
간식의 위치를 눈높이 이하로 둡니다.

3

4

밸런스 볼 스트레칭 도구

앞발을 밸런스 볼 위에 올리고 간식으로 유도
해 대각선 앞으로 몸을 스트레칭하게 합니다.
가슴, 복부, 뒷다리의 유연성을 높입니다.

오감 자극의 기술

온몸으로 자극이 전해지면 세포도 살아난다

애정 어린 손으로 터치 케어를 해 주면 노화로 쉽게 불안해하는 반려견에게 안정감을 줍니다. 심신의 활성화도 기대할 수 있습니다. 오감 중 촉각만은 유일하게 노화의 영향을 받지 않기 때문이죠. 여기에 놀이하듯 재밌게 하는 운동과 두뇌 트레이닝 루틴을 일상생활에 추가해 봅시다. 오감이 자극되도록 산책을 자주 하는 것도 좋습니다. 바람을 느끼고, 온갖 소리를 듣고, 땅의 냄새를 맡고, 날아오르는 새를 눈으로 좇는 등 나이 든 반려견이 다양한 경험을 할 수 있게 도와주세요.

이렇게 부드러운 손길로 만져 주고 가벼운 운동을 유도하면 몸과 마음 양쪽 모두에 좋은 자극을 줄 수 있습니다.

누워 지내는 시간이 길어졌다면 하루에 몇 분이라도 좋으니 바르게 선 자세와 엎드린 자세를 취할 수 있게 도와주세요. 발바닥으로 전해지는 자극, 건강할 때의 시선으로 보던 익숙한 풍경 등이 뇌에 좋은 영향을 주기 때문입니다.

클리커로 두뇌 트레이닝

'딸깍!' 하는 클리커 소리와 보상을 연결해 훈련하면, 클리커 소리만으로도 '잘했다'라는 칭찬의 의미가 전달됩니다. 훈련할 때는 반려견 스스로 생각할 시간을 주어야 합니다. 능동적으로 생각해서 행동한 결과 '딸깍!' 하는 소리가 들리고 뒤이어 좋은 일이 생기는 경험! 스스로 생각해 얻어낸 보상은 뇌에 좋은 자극이 됩니다. 강아지 때부터 클리커 훈련을 생활화합시다.

보 디 케 어 실 천

길게 쓸기 마사지

손바닥 전체로 몸의 윤곽을 훑듯 느긋하게 쓸어
줍니다. 정수리에서 꼬리 끝까지 쓸고, 어깨에서
앞다리 발끝으로 쓸어 준 후, 어깨에서 몸의 측면
부를 지나 뒷다리 발끝까지 쓸어 줍니다. 마지막
으로 다시금 정수리에서 꼬리 끝까지 길게 쓸어
마무리합니다. 애정 어린 손으로 안심시키고 결
속감을 전달합니다.

훌라후프 걷기 도구

훌라후프 길을 건너가게 합니다. 훌라후프로 직
선, 원형, 지그재그 등 다양한 모양의 길을 만들
수 있고, 훌라후프끼리 약간 겹쳐서 배치하면 높
낮이 차이를 낼 수 있습니다. 처음에는 훌라후프
를 하나씩 넘을 때마다 클리커를 누르고 간식으
로 보상합니다. 익숙해지면 훌라후프를 모두 건넜
을 때 클리커를 누르고 간식으로 보상합니다.

발바닥 둥글리기 터치

손가락 끝을 발바닥에 대고 시계 방향으로 작은
원을 그립니다. 힘은 아주 약하게만 주세요.

클릭 훈련

한 손에 간식을 쥐고 아무 지시어 없이 기다립니
다. 반려견의 코가 손에 닿으면, 클리커를 누르고
간식을 줍니다. 제법 잘 누르면 여러 방향으로 손
을 내밀어 도전해 봅니다.

어떤 산책로를 어떻게 이용할 것인가

다양한 자극은 좋은 스트레스가 된다

늘 다니던 길 말고 새로운 길을 걸어 봅시다. 발바닥으로 전해지는 새로운 감촉과 눈에 보이는 새로운 풍경이 오감을 자극해 뇌와 신체가 깨어납니다. 정신 건강에 좋은 자극이죠. 걷기 운동은 관절의 부드러운 움직임, 근육과 몸의 균형을 유지하는 데 도움이 됩니다. 새로운 곳에서 꾸준히 걸어 봅시다.

산책 시 포인트

- 반려견이 네 다리를 전부 쓰며 제대로 걷는지 반드시 확인하세요.
- 여유로운 속도로 천천히 걸으면 네 다리를 모두 쓰며 제대로 걷는 데 도움이 되니 참고하세요.

다 양 한 산 책 코 스

나무뿌리 넘기

나무뿌리를 넘으면 다리를 높게 들게 되니, 이것이 곧 몸의 균형을 잡는 운동입니다. 발의 고유수용성 감각을 강화하고 관절의 굴곡과 신전 기능을 개선하는 데도 도움이 됩니다.

모래밭

모래밭은 근력을 키우는 최적의 장소입니다. 단단한 모래밭부터 도전합니다. 바닷가 모래밭은 약간 경사가 있습니다. 수평선을 따라 걷다 보면 자연스레 경사진 쪽 다리에 체중을 싣고 걷는 연습이 됩니다.

무성한 풀밭

관절의 굴곡과 신전 기능을 잡아 주며, 몸의 균형을 잡는 연습도 할 수 있습니다.

그 외의 자극

잔디밭, 물가, 자갈길, 낙엽길 등 다양한 감촉을 경험함으로써 발바닥 감각을 자극해 주세요. 발의 힘이 길러지고 관절도 튼튼해집니다.

반려견의 상태에 따라
산책용품도 달라진다

 우리 반려견이 이런데, 어떤 산책용품을 써야 할까?

가끔 뒷다리 한쪽을 들고 깽깽이걸음을 하는 반려견

하네스 사용을 권합니다. 개는 견갑골 바로 뒷근육으로 몸의 앞뒤 균형을 잡습니다. 그런데 목줄을 하면, 비상 상황에서 혹은 걷는 속도가 맞지 않아 순간적으로 목줄을 당겼을 때 몸의 무게 균형이 무너지면서 관절에 무리가 갈 수 있습니다. 따라서 몸통을 안정적으로 잡아 주는 하네스 착용을 추천합니다.

다만 하네스가 닿는 부분에 지방종이 있다면 사용을 피하고, 목줄을 갑자기 잡아당기는 일이 없도록 안정적인 상황에서 속도를 맞추어 산책하길 권합니다.

다리의 움직임이 둔해진 반려견

목줄과 하네스를 이중으로 착용하고, 목줄과 하네스끼리 연결한 후 이를 산책줄에 이어 줍니다. 산책줄의 길이는 2.5미터 이상인 것을 쓰세요. 하네스로 반려견의 보행을 돕고, 목줄은 좌우 방향 지시를 할 때만 씁니다. 목에 큰 압력이 가해지지 않으므로 비상 상황에서도 몸의 균형을 잡기 쉽고 몸 전체의 움직임도 자연스러워집니다.

조금만 걸어도 다리에 힘이 빠지는 반려견

반려견의 보행을 보조하는 특수한 하네스가 있습니다. 뒷다리 보조용, 앞다리 보조용, 모든 다리 보조용 등 종류가 다양합니다. 반려견의 상태에 맞는 것을 선택하세요. 발볼록살이 지면에 닿는 느낌을 잊어버리지 않게 하는 것이 중요합니다.

자력으로 걸을 수 없는 반려견

반려견용 유모차를 이용합니다. 바깥의 공기와 냄새, 풍경, 햇빛, 바람을 느끼면 오감이 자극되어 심신에 좋습니다. 반려견용 유모차를 고를 때는 시트의 높이가 중요한데, 유모차에 앉았을 때 자신의 발로 걸을 때와 눈높이가 비슷할수록 좋습니다.

산책할 때 할 수 있는 운동

무리하지 않고, 조금만 더

산책할 때 할 수 있는 운동을 소개합니다. 일주일에 몇 번 정도만 해도 충분해요. 산책을 매일 하듯이, 운동도 꾸준히 하는 것이 중요합니다. 놀이하듯 즐겁게 해 보세요. 다음의 사항을 지켜서 말이죠.

워밍업을 잊지 말자

혈액순환을 활발하게 하여 몸을 데우고 난 뒤 운동합니다. 특히 추운 날씨에, 혹은 실내에서 에어컨 바람을 쐬다가 밖으로 나갈 때에는 워밍업이 더 필요합니다. 프레이즈 터치와 마사지로 운동에 적합한 몸을 만들어 주세요.

자세, 걸음걸이, 표정 관찰하기

운동을 마치고 돌아오는 길에 반려견의 상태를 관찰하고 이에 따라 적절히 조절합니다. 예를 들어 다리를 끈다거나 지친 모습이라면 다음번에는 운동 강도와 시간을 낮춰야겠죠.

무리는 금물

운동을 힘들어하거나, 머리를 떨구거나, 하기 싫어한다면 도중에라도 그만두세요. 반려견도 사람처럼 그날그날 컨디션이 다릅니다. 반려견의 상태에 맞춰 중간중간 휴식 시간을 넣어 주세요. 노견의 경우 운동 강도는 낮게, 휴식은 길게 가져갑니다.

무엇보다도 즐겁게!

함께 즐기세요. 칭찬으로 동기부여는 하되, 너무 잘하려 애쓰지 말고 같이 논다는 느낌으로! 잘하지 못해도 괜찮습니다. 가족과 즐겁게 무언가를 한다는 것 자체로 반려견은 행복을 느낄 거예요.

다양한 산책 방법

① 오르는 자세 유지

계단을 오르는 자세로 서게 합니다. 상태에 따라 5초에서 30초 정도 자세를 유지합니다. 고개가 너무 꺾이거나 처지지 않도록, 반려견이 정면을 볼 때의 코 높이에 간식을 들고 보여주며 유지하세요. 뒷다리의 근력이 좋아집니다.

② 내려가는 자세 유지

계단을 내려가는 자세로 서게 합니다. 세부 내용은 1과 같습니다. 앞다리 근력을 강화합니다.

③ 계단 스트레칭

간식을 반려견의 시선을 기준으로 45도 정도의 대각선 방향으로 갖다 댑니다. 반려견이 자연스레 간식을 따라가면서 뒷다리, 등, 목 주변이 늘어납니다. 5초에서 30초 정도 자세를 유지하세요. 유연성을 높여 줍니다.

④

오르막길 오르기

네 다리, 특히 앞다리를 제대로 쓰며 걸을 수
있도록 속도를 조절하세요.

세 발로 버티기

계단을 오르는 자세로 서게 한 후, 천천히 한 발을 땅
에서 떼게 합니다. 몸의 균형이 잡히는지 확인한 후 5
초에서 30초 정도 자세를 유지합니다. 몸통이 단련됩
니다.

⑤

오르막에서 '앉아', '일어나'

⑥

경사가 가파르지 않은 오르막에서 '앉아'와 '일
어나'를 반복합니다. 오르막은 평지보다 뒷다
리에 걸리는 부하가 더 크기 때문에 운동 효율
이 높습니다. 다리와 허리의 근력을 다지는 데
효과적입니다.

포복 전진

보호자의 다리로 터널을 만들고 반려견이 그 사이를 지나가게 합니다. 네 다리의 모든 관절의 굴곡을 잡아 주며, 몸통도 단련됩니다.

8 모래밭 걷기

단단해서 발이 빠지지 않는 모래밭, 발이 약간 빠지는 모래밭, 발이 깊이 빠지는 모래밭 등 다양한 모래밭을 걷는 운동입니다. 파도 때문에 살짝 경사져 있는 백사장의 경우, 바다를 오른쪽에 두고 걸을 때는 오른쪽 다리, 왼쪽에 두고 걸을 때는 인쪽 다리에 체중이 실리기 때문에 한쪽 다리에 체중을 싣고 걷는 연습이 됩니다.

바르게 서기

반려견이 올바르게 서 있는지 관찰하고, 올바르게 서도록 훈련시킵니다. 물론 그 자세는 반려견의 현재 상태를 고려해야겠죠. 자세가 좋으면 다음 움직임을 취하기가 쉬워집니다.

뒤로 걷기

중둔근, 대퇴이두근, 비복근 등 대퇴부와 종아리 근육을 단련하는 운동입니다. 한두 걸음부터 시작해 조금씩 걸음 수를 늘리세요.

돌기

오른쪽으로 돌게 하세요. 그 다음 3초 동안 바른 자세를 유지하며 휴지기를 두세요. 그 다음 왼쪽으로 돌게 합니다. 상태를 보며 수차례 반복합니다. 유연성이 높아집니다.

⑪

⑫

나무뿌리 넘기

나무뿌리를 건너는 운동입니다. 나무뿌리의 높이에 따라 발의 위치를 자율적으로 조정하는 과정에서 발의 고유 수용성 감각이 강화되고 몸의 균형 감각이 높아집니다.

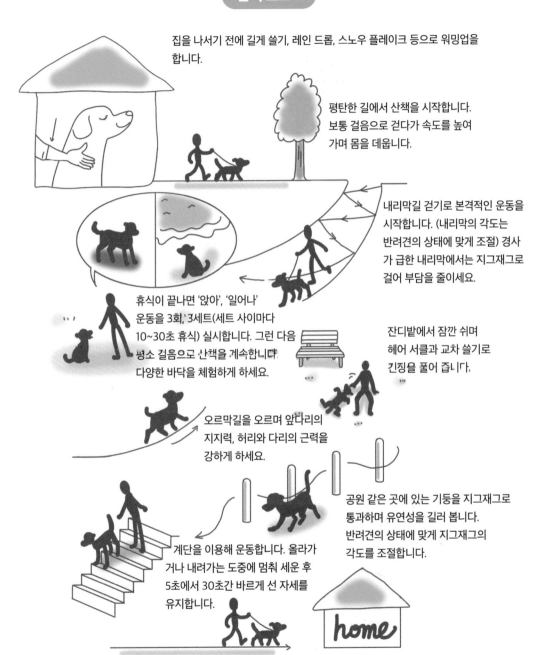

산책 코스 1

집을 나서기 전에 길게 쓸기, 레인 드롭, 스노우 플레이크 등으로 워밍업을 합니다.

평탄한 길에서 산책을 시작합니다. 보통 걸음으로 걷다가 속도를 높여 가며 몸을 데웁니다.

내리막길 걷기로 본격적인 운동을 시작합니다. (내리막의 각도는 반려견의 상태에 맞게 조절) 경사가 급한 내리막에서는 지그재그로 걸어 부담을 줄이세요.

휴식이 끝나면 '앉아', '일어나' 운동을 3회, 3세트(세트 사이마다 10~30초 휴식) 실시합니다. 그런 다음 평소 걸음으로 산책을 계속합니다. 다양한 바닥을 체험하게 하세요.

잔디밭에서 잠깐 쉬며 헤어 서클과 교차 쓸기로 긴장을 풀어 줍니다.

오르막길을 오르며 앞다리의 지지력, 허리와 다리의 근력을 강하게 하세요.

공원 같은 곳에 있는 기둥을 지그재그로 통과하며 유연성을 길러 봅니다. 반려견의 상태에 맞게 지그재그의 각도를 조절합니다.

계단을 이용해 운동합니다. 올라가거나 내려가는 도중에 멈춰 세운 후 5초에서 30초간 바르게 선 자세를 유지합니다.

home

천천히 걸어 몸을 식히며 마무리합니다. 걸음걸이에 이상이 없는지 관찰합니다.

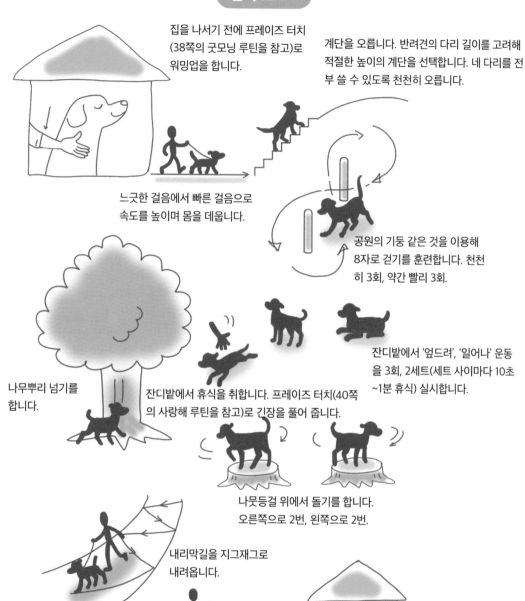

집을 나서기 전에 프레이즈 터치 (38쪽의 굿모닝 루틴을 참고)로 워밍업을 합니다.

계단을 오릅니다. 반려견의 다리 길이를 고려해 적절한 높이의 계단을 선택합니다. 네 다리를 전부 쓸 수 있도록 천천히 오릅니다.

느긋한 걸음에서 빠른 걸음으로 속도를 높이며 몸을 데웁니다.

공원의 기둥 같은 것을 이용해 8자로 걷기를 훈련합니다. 천천히 3회, 약간 빨리 3회.

잔디밭에서 '엎드려', '일어나' 운동을 3회, 2세트(세트 사이마다 10초~1분 휴식) 실시합니다.

나무뿌리 넘기를 합니다.

잔디밭에서 휴식을 취합니다. 프레이즈 터치(40쪽의 사랑해 루틴을 참고)로 긴장을 풀어 줍니다.

나뭇등걸 위에서 돌기를 합니다. 오른쪽으로 2번, 왼쪽으로 2번.

내리막길을 지그재그로 내려옵니다.

천천히 걸어 몸을 식히며 마무리합니다. 걸음걸이에 이상이 없는지 관찰합니다.

123

실내 환경을 다시 살펴보자

안전하고 쾌적한 실내 환경을 만드는 법

바닥

원목마루나 장판 등 미끄러운 바닥은 반려견의 다리에 부담을 줍니다. 관절염에도 좋지 않고, 고관절의 모양이 나쁘며 부드럽게 움직이지 않는 병인 고관절 이형성증이 악화되는 원인이기도 합니다. 걸을 때마다 허리에 과한 힘이 들어가기 때문에 닥스훈트나 웰시코기처럼 몸통이 긴 견종이나 유전적으로 허리가 약한 품종에게 디스크를 유발하기도 하죠.

반려견의 다리에 부담이 가지 않도록 바닥 상태를 바꿔야 합니다. 바닥 전체에 미끄럼 방지 매트를 깔거나 미끄럼 방지 왁스를 도포하는 것이 좋습니다. 물론 매트나 왁스의 성분을 꼼꼼히 확인해야겠죠. 만약 카펫을 깔았다면 걸음걸이에 밀리지 않도록 보강 작업을 합니다.

매트나 방석의 종류

나이가 들면 누워서 지내는 시간이 길어지므로 매트나 방석도 중요합니다. 부드럽고 포근한 감촉에 산뜻하면서도 압력을 분산시키는 소재를 선택해 욕창을 미연에 방지합니다. 반려견의 상태와 계절의 특성에 맞게 방석을 바꿔 줍니다. 여러 종류를 준비해 반려견이 원하는 것을 직접 고르게 하는 것도 좋은 방법이에요.

매트나 방석을 두는 자리

집 안 여기저기에 반려견이 쉴 수 있는 공간을 마련하여 원하는 곳에서 쉴 수 있게 하세요. 방석을 놓기 좋은 곳은 다음과 같습니다. 사람의 왕래가 없어 편안하게 쉴 수 있는 곳, 언제든지 가족의 얼굴을 볼 수 있는 곳(주방이나 거실 등), 아침 해가 잘 드는 곳, 바깥 풍경이 잘 보이는 곳 등등.

계단에도 적절한 조치를

노견이 되면 예전에는 올라가던 계단을 쉽게 올라가지 못하게 됩니다. 고유 수용성 감각이 둔해져 계단을 헛디뎌 다치기도 하고요. 계단에 미끄럼 방지 시공을 하거나, 아예 올라가지 못하도록 안전문을 설치합니다.

소파와 침대에 보조 계단 설치

건강할 때는 훌쩍 뛰어오르던 소파나 침대도 노견에게는 쉽지 않습니다. 보조 계단(경사 형태도 있습니다)을 설치해 편히 오갈 수 있게 합니다. 몸에 가해지는 부담을 줄여 주는 것은 물론, 자신감을 유지하는 데도 도움이 됩니다.

평화로운 분위기

보호자의 감정과 마음은 반려견의
마음에 큰 영향을 끼칩니다.
평화롭고 조화로운 환경을 조성하세요.

→ 미끄러지지 않는 바닥재를 사용하세요.

노견이 먹어야 하는 것, 먹지 않아야 하는 것

나이 들면 먹는 것도 달라져야 한다

보통 7살부터 노견으로 칩니다. 그런데 겉모습으로 확실히 나이 든 티가 나는 반려견이 있는가 하면 10살이 넘어도 나이가 짐작이 가지 않는 반려견도 있습니다.

반려견도 사람과 마찬가지로 체내에서 필요한 여러 물질들이 줄어들며 노화가 진행됩니다. 그런 면에서 신경 써야 할 것 중 하나가 연령에 맞는 식이입니다. 삶의 질을 좋은 수준으로 유지하기 위해 무척이나 중요한 요소죠.

건강하고 활기차게 생활하려면 세포부터 건강해야 하고, 세포의 건강은 영양소가 좌우합니다. 그러므로 매일 먹는 밥을 통해 필요한 영양소를 필요한 만큼 섭취할 수 있어야 해요. 나이가 듦에 따라 필요도가 높아지는 영양소와 식재료를 파악해 제대로 챙겨 줍시다. 다음의 다섯 가지가 노견의 식이에서 챙겨야 할 핵심 요소들이에요.

항산화물질이 풍부한 식재료

반려견도 나이가 들수록 항산화력이 높은 영양소가 더 많이 필요해집니다. 체내 활성산소의 공격을 방어하는 '항산화력'이야말로 노화를 늦추는 핵심 요소죠. 비타민류, 폴리페놀류, 미네랄류, 카로티노이드류가 항산화력이 높은 영양소입니다. 동식물이 자신의 몸을 산화로부터 지키기 위해 만들어 내는 것들로 과일과 녹황색 채소 등에 풍부하게 포함되어 있습니다. 반려견에게 급여할 때에는 소화가 잘되도록 믹서에 갈거나 잘게 썰어 줍니다. 데쳐서 줘야 하는 것도 있어요. 참깨, 당근, 콩 같은 딱딱한 것을 생으로 주거나 큰 덩어리로 주면 소화되지 않고 그대로 대변으로 배출되니 주의합니다.

품질 좋은 단백질

근육은 나이에 비례해 쇠약해지고 그로 인해 여러 문제가 발생합니다. 최대한 근육량이 줄지 않게 관리하는 것이 중요합니다. 품질 좋은 단백질을 제공함으로써 근육을 만드는 데 필요한 아미노산이 부족하지 않도록 신경 씁니다. 닭고기, 돼지고기, 어류는 모든 아미노산이 고루 들어 있는 완전단백질로서 반려견에게 좋아요. 그렇다고 과하게 주는 것은 금물입니다. 몸무게에 맞게 적당량만 주세요.

지방도 필요하긴 하다

노견이 되면 기초대사량이 떨어지므로 필요한 칼로리도 줄어듭니다. 예전과 똑같이 먹으면 금세 살이 찌게 되죠. 그러나 노견이라고 지방을 무작정 안 먹으면 안 됩니다. 지방도 몸에 꼭 필요하기 때문입니다. 지방이 부족하면 가장 먼저 보이는 증상이 피부와 피모가 푸석해지는 것입니다. 그 외의 건강 상 다른 문제도 나타납니다. 만약 저지방 사료를 급여하고 있다면 들기름이나 아마씨 기름, 혹은 소화흡수율이 뛰어난 생선 기름을 추가하는 것도 좋아요.

장내환경 개선

나이가 들수록 장내의 유익균(프로바이오틱스라고 부르죠)이 줄어들고 유해균이 늘어납니다. 장내 세균의 비율에 따라 장 상태가 결정되는데, 대변 상태가 나빠졌다면 장내 환경 개선이 시급합니다. 유익균(유산균도 유익균의 일종이에요)을 먹이고, 유익균의 먹이인 식이섬유도 함께 주세요.

관절에 좋은 영양제

부하가 걸린 채로 관절을 지속적으로 쓰다 보면 연골이 조금씩 닳아 통증이 생길 수 있습니다. 몸의 움직임이 눈에 띄게 둔해져 앉았다 일어서는 데 시간이 걸리고, 걸음걸이가 어색해지기도 하죠. 그러니 관절 건강을 위해 글루코사민과 콘드로이틴(초록입홍합 등)을 식사에 추가해 줍니다. 이 두 물질은 원래 체내에서 합성되지만 나이가 들며 생산량이 줄어들기 때문에 보조제로 보충하는 것이 좋습니다.

노견에게 필요한 영양소

노화로 소화효소의 분비량이 줄어들면 소화 능력도 떨어집니다. 자연스레 식사량도 줄고, 필요한 영양소의 섭취량도 부족해져요. 노견에게 필요한 필수 영양소를 보충해 주도록 합시다. 비타민 A, 비타민 B_1, 비타민 B_6, 비타민 B_{12}, 비타민 C가 대표적이죠. 만약 질병의 치료나 예방이 목적이라면 그에 맞는 필수 영양소를 추가하면 됩니다.

참고로 비타민 C의 경우, 원래는 따로 보충할 필요가 없어요. 필요한 양의 일부를 체내에서 합성할 수 있기 때문에 보통 식이에 함유된 양만으로도 충분하기 때문이죠. 그러나 다른 동물에 비해서는 합성능력이 떨어지므로 생활환경, 질병의 유무, 연령 등 상황에 따라 적당량을 보충하면 좋아요.

반려견과의 스트레칭

스트레칭은 왜 필요할까

강하게 반복적으로 수축한 근육을 그대로 두면 수축된 상태로 피로가 누적되는데, 이런 일이 반복되면 근육과 힘줄에 악영향이 갑니다. 스트레칭은 수축된 근육을 이완시켜 다음 움직임을 원활하게 수행하는 데 도움을 줘요. 짧아진 관절 주변 근육을 스트레칭으로 풀어 주면 관절에 걸리는 압력을 균등하게 분산시킴으로써 연골의 퇴화를 예방할 수 있어요. 나이가 들수록 관절염의 위험성이 커지는 노견에게 스트레칭은 꼭 필요한 '맨손 요법'입니다.

스트레칭을 하기 전에 주의해야 할 것

반려견은 잠에서 깨면 몸을 쭉 펴며 기지개를 켭니다. 앞다리와 뒷다리를 늘이는 동작으로, 자는 동안 굳어진 근육을 풀기 위해 스스로 하는 스트레칭 동작이지요.
스트레칭은 수축된 근육을 풀기 위해 꼭 필요한 과정이지만, 보호자가 개입해 스트레칭을 보조하려면 반려견의 신체 구조부터 이해해야 합니다. 골격과 관절, 근육에 대해 이해한 뒤 관절의 가동 범위에 맞게 근육을 늘여 줍니다. 잘 모르는 상태에서 스트레칭을 했다가는 근육과 관절을 다치게 할 수 있으니 제대로 공부하고 이해한 뒤에 하세요.

스트레칭 시 유의 사항

1. 반려견의 신체 구조부터 이해하세요.
2. 근육에 힘이 들어가지 않은 상태에서 시작합니다.
3. 관절의 가동 범위 내에서만 합니다.
4. 스트레칭을 하는 동안 관절이 안정될 수 있도록 몸을 살짝 잡거나 받쳐 줍니다.
5. 스트레칭을 마치면 근육이 부드럽게 풀렸는지 확인하세요.
6. 몸의 방향에 따라 스트레칭합니다.
7. 반려견이 옆으로 누운 자세에서 실시합니다.
8. 최대 가동 범위까지 늘였다면 5초 정도 유지한 뒤 힘을 풉니다.
9. 반려견의 반응을 관찰하며 대응하세요.
10. 편안한 환경에서, 반려견의 긴장이 풀릴 때까지 기다렸다가 실시합니다.

우리 반려견 일상 체크리스트

평소에 반려견을 관찰하고 정기적으로 다음의 체크리스트들을 작성해 봅시다.
작성 주기는 반려견의 상태에 따라 조절하며, 체크리스트에 변동사항이 생기면 수의사
와 해당 내용을 상담합니다.
오른쪽 위의 QR코드를 찍어 체크리스트를 내려 받을 수 있습니다.

체크리스트 1   _____ 년 _____ 월 _____ 일

체크리스트 내용	1	2	3	4
1 혼자 힘으로 배뇨 자세를 취할 수 있습니까?				
2 혼자 힘으로 배변 자세를 취할 수 있습니까?				
3 옆으로 누운 자세에서 앉는 자세를 곧바로 취할 수 있습니까?				
4 앉은 자세에서 옆으로 눕는 자세를 곧바로 취할 수 있습니까?				
5 앉은 자세에서 선 자세를 곧바로 취할 수 있습니까?				
6 선 자세에서 앉는 자세를 곧바로 취할 수 있습니까?				
7 누워서 몸을 뒤척일 수 있습니까?				
8 귀 뒷부분을 뒷다리로 긁을 수 있습니까?				
9 오르막길이나 언덕을 올라갈 수 있습니까?				
10 계단을 올라갈 수 있습니까?				
11 계단을 내려올 수 있습니까?				
12 자동차에 오르내릴 수 있습니까?				
13 소파나 침대에 올라갈 수 있습니까?				
14 소파나 침대에서 내려올 수 있습니까?				
15 달릴 수 있습니까?				
16 점프할 수 있습니까?				

1=불가능(100퍼센트 보조가 필요함) 2=중간 이상의 보조(50퍼센트 이상의 보조가 필요함)
3=어느 정도의 보조(50퍼센트 이하의 보조가 필요함) 4=혼자 힘으로 가능

_____ 년 _____ 월 _____ 일

체크리스트 내용

1	체중에 변화가 있습니까?	(증가 / 감소 / 없음)
2	지구력에 변화가 있습니까?	(네 / 아니요)
3	반려견의 성격이나 태도에 변화가 있습니까?	(네 / 아니요)
4	좋아하는 운동은 무엇입니까?	( )
	그 운동을 지금도 할 수 있습니까?	(네 / 아니요)
5	예전처럼 정상적으로 운동하는 것이 가능합니까?	(네 / 아니요)
6	산책을 할 수 있습니까?	(네 / 아니요)
7	산책 때 예전보다 걷는 시간이 줄어들었습니까?	(네 / 아니요)
	만약 줄었다면 그 시간은?	( )
8	걷는 시간이 줄어들게 된 원인이 있습니까?	(네 / 아니요)
	'네'에 체크했다면 원인은 무엇입니까?	( )
9	산책을 마친 뒤 반려견의 몸에 문제(다리를 전다, 몸이 경직된다 등)가 생겼거나, 그 문제가 악화되었습니까?	(네 / 아니요)
	'네'에 체크했다면 어떤 문제입니까?	( )
10	산책 때 쉽게 지치거나, 멈춰서 버티거나, 걸음이 느려질 때가 있습니까?	(네 / 아니요)
	자세한 내용을 적어 보세요.	( )
11	통증이 있어 보입니까?	(네 / 아니요)
	왜 그런 생각이 듭니까?	( )
12	예전에는 못했던 것 중에 지금은 할 수 있는 것이 있습니까?	(네 / 아니요)
13	산책이나 보행 시 바닥에 발이 끌릴 때가 있습니까?	(네 / 아니요)

날짜	/	/	/	/	/	/	/
굿모닝 루틴							
사랑해 루틴							
굿나잇 루틴							
눈 주변 둥글리기							
목 주변 둥글리기							
취침 전 패시브 터치							
목 주변							
앞가슴 부위							
앞다리							
등							
뒷다리							
발볼록살							
귀 주변							
눈 주변							
걷기							
'앉아', '일어나'							
'엎드려', '앉아'							
'엎드려', '일어나'							
포복 전진							
오르는 자세/내려가는 자세 유지							
계단 스트레칭							
오르막길							
내리막길							
하이파이브(한 다리 들고 유지)							
오른쪽으로 돌기							
왼쪽으로 돌기							
나무뿌리 넘기							
뒤로 걷기							
지그재그로 걷기							
8자로 걷기							

피트니스 일지

_____ 년 _____ 월 _____ 일

터치 케어 / 운동

오랜 세월을 함께 나눠 온 나와 내 반려견.
누구보다도 서로를 이해하는 사이.
너그러운 마음과 다정한 눈동자로 나를 지켜봐 주는 소중한 존재.

나이가 들수록 몸의 기능이 약해지는 건 당연합니다. 자연의 섭리를 거스를 수는 없습니다.
그러나 우리가 올바른 지식을 습득해 매일 조금씩 실천해 나가면 노화 때문에 빚어지는 일들을 조금이나마 늦출 수 있습니다. 실병에 걸릴 위험을 줄이고, 몸과 마음을 튼튼하게 지켜 줄 수 있습니다.

쾌적한 환경을 만들고, 적절한 영양을 섭취하게 하며, 육체의 건강과 정신의 건강을 모두 챙기세요. 반려견과 마음을 나누고, 함께 웃으며, 진심으로 피어나는 행복을 느껴 보세요.

반려견과 보내는 순간순간은 우리에게 주어진 소중한 시간입니다.
그들은 '지금 이 순간'을 진심으로 살아가는 존재예요.
과거와 미래에 붙잡혀 허우적거리는 우리에게 무엇이 정말 중요한지
가르쳐 주는 선생님입니다.

마음을 비우고 나의 반려견과 연결된다면 순간은 영원이 될 것입니다.

이 책이 반려견들과, 그들을 사랑하는 보호자들에게 도움이 되길 바랍니다.
사랑과 다정함으로 당신의 반려견을 살펴 주세요.

두 손과, 사랑하는 마음만 있으면 충분합니다.

모델로 수고해 준 친구들

치와와 오타로 군, 린타로 군, 쿠마 짱, 토라 짱, 유 군

토이 푸들 바질 짱, 프린세스 짱, 리즈 짱. 도리 짱, 모카 짱, 모모 짱, 라임 짱, 매시 군

포메라니안 시시마루 군, 칫치 짱

요크셔 테리어 코코 짱

래브라도 레트리버 바니 짱, 유즈 짱

시츄 안 짱

캐벌리어 킹 찰스 스패니얼 후타 군

보더 콜리 제시카 짱, 재스민 짱. 아이샤 짱, 차차 짱

골든 레트리버 케리 짱, 모모이 짱

잭 러셀 테리어 안 짱

와이어 헤어드 닥스훈트 노아 짱

믹스견 나미 짱

오키나와 믹스견 윈디 짱

웰시 코기 펜브로그 구리 군, 메이 짱

도움 주신 분들

레지나 리조트 가모가와(지바 현)

에타본 리조트(가나가와 현) DOG DEPT 쇼난에노시마(가나가와 현)

참고자료

일반사단법인 애니멀라이프 파트너즈 협회,《시니어 도그 홈 케어 베이직 코스》

일반사단법인 애니멀라이프 파트너즈 협회,《시니어 도그 홈 케어》

A.D. 서머즈,《The Dog Musculature》

노견을 위한
도그 마사지의 힘

초판 1쇄 발행일 2024년 1월 22일

지은이 야마다 리코
옮긴이 정영희
펴낸이 金昇芝
편집 김도영
디자인 디박스

펴낸곳 블루무스
출판등록 제2022-000085호
전화 070-4062-1908
팩스 02-6280-1908
주소 경기도 파주시 경의로 1114 에펠타워 406호
이메일 bluemoose_editor@naver.com
인스타그램 @bluemoose_books

ISBN 979-11-93407-07-3 13520